装配式建筑系列新形态教材

U0187395

装配式混凝土建筑施工

楼　聪　张弦波　主编

清华大学出版社

北京

<h1 style="text-align:center">内 容 简 介</h1>

本书参照国家和行业最新的装配式建筑技术规程、图集规范、"1+X"职业技能等级证书和装配式建筑智能建造赛项等技能竞赛的考核标准,根据装配式混凝土建筑施工的典型施工过程编写而成。全书设置了4个教学模块,包括认识装配式建筑、装配式混凝土结构施工、装配式建筑工程管理和装配式建筑施工综合实训,内容贴合工程实际,符合岗位要求和职业标准。

本书可供土木建筑类相关专业的学生使用,也可作为从事装配式混凝土结构施工的工程设计人员、施工技术人员、监理人员、项目管理人员及其他装配式混凝土建筑从业人员的参考书及培训材料。

图书在版编目(CIP)数据

装配式混凝土建筑施工/楼聪,张弦波主编. —北京:清华大学出版社,2024.3

装配式建筑系列新形态教材

ISBN 978-7-302-65429-2

Ⅰ.①装… Ⅱ.①楼… ②张… Ⅲ.①装配式混凝土结构－混凝土施工－教材 Ⅳ.①TU755

中国国家版本馆 CIP 数据核字(2024)第 043332 号

责任编辑:杜　晓
封面设计:曹　来
责任校对:袁　芳
责任印制:宋　林

出版发行:清华大学出版社
　　　　网　　　址:https://www.tup.com.cn,https://www.wqxuetang.com
　　　　地　　　址:北京清华大学学研大厦 A 座　　　　邮　　编:100084
　　　　社 总 机:010-83470000　　　　邮　　购:010-62786544
　　　　投稿与读者服务:010-62776969,c-service@tup.tsinghua.edu.cn
　　　　质量反馈:010-62772015,zhiliang@tup.tsinghua.edu.cn
　　　　课件下载:https://www.tup.com.cn,010-83470410
印　装　者:三河市君旺印务有限公司
经　　销:全国新华书店
开　　本:185mm×260mm　　印　张:10.5　　字　数:242 千字
版　　次:2024 年 3 月第 1 版　　印　次:2024 年 3 月第 1 次印刷
定　　价:49.00 元

产品编号:103935-01

序

建筑业作为我国国民经济的重要支柱产业,在过去几十年取得了长足的发展。随着科技的进步,目前建筑业正在进行工业化、数字化、智能化升级和加快建造方式转变。工业化、数字化、智能化、绿色化成为建筑行业发展的重要方向。例如,BIM(Building Information Modeling)技术的应用为各方建设主体提供协同工作的基础,在提高生产效率、节约成本和缩短工期方面发挥重要作用,在设计、施工、运维方面很大程度上改变了传统模式和方法;智能建筑系统的普及提升了居住和办公环境的舒适度和安全性;人工智能技术在建筑行业中的应用逐渐增多,如无人机、建筑机器人的应用,提高了工作效率、降低了劳动强度,并为建筑行业带来更多创新;装配式建筑改变了建造方式,其建造速度快、受气候条件影响小,既可节约劳动力,又可提高建筑质量,并且节能环保;绿色低碳理念推动了建筑业可持续发展。2020年7月,住房和城乡建设部等13个部门联合印发《关于推动智能建造与建筑工业化协同发展的指导意见》(建市〔2020〕60号),旨在推进建筑工业化、数字化、智能化升级,加快建造方式转变,推动建筑业高质量发展,并提出到2035年"'中国建造'核心竞争力世界领先,建筑工业化全面实现,迈入智能建造世界强国行列"的奋斗目标。

然而,人才缺乏已经成为制约行业转型升级的瓶颈,培养大批掌握建筑工业化、数字化、智能化、绿色化技术的高素质技术技能人才成为土木建筑大类专业的使命和机遇,同时也对土木建筑大类专业教学改革,特别是教学内容改革提出了迫切要求。

教材建设是专业建设的重要内容,是职业教育类型特征的重要体现,也是教学内容和教学方法改革的重要载体,在人才培养中起着重要的基础性作用。优秀的教材更是提高教学质量、培养优秀人才的重要保证。为了满足土木建筑大类各专业教学改革和人才培养的需求,清华大学出版社借助清华大学一流的学科优势,聚集优秀师资,以及行业骨干企业的优秀工程技术和管理人员,启动BIM技术应用、装配式建筑、智能建造三个方向的土木建筑大类新形态系列教材建设工作。该系列教材由四川建筑职业技术学院胡兴福教授担任丛书主编,统筹作者团队,确定教材编写原则,并负责审稿等工作。该系列教材具有以下特点。

(1)思想性。该系列教材全面贯彻党的二十大精神,落实立德树人根本任务,引导学生践行社会主义核心价值观,不断强化职业理想和职业道德培养。

(2)规范性。该系列教材以《职业教育专业目录(2021年)》和国家专业教学标准为依据,同时吸取各相关院校的教学实践成果。

(3)科学性。教材建设遵循职业教育的教学规律,注重理实一体化,内容选取、结构安排体现职业性和实践性的特色。

（4）灵活性。鉴于我国地域辽阔，自然条件和经济发展水平差异很大，部分教材采用不同课程体系，一纲多本，以满足各院校的个性化需求。

（5）先进性。一方面，教材建设体现新规范、新技术、新方法，以及现行法律、法规和行业相关规定，不仅突出 BIM、装配式建筑、智能建造等新技术的应用，而且反映了营改增等行业管理模式变革内容。另一方面，教材采用活页式、工作手册式、融媒体等新形态，并配套开发数字资源（包括但不限于课件、视频、图片、习题库等），大部分图书配套有富媒体素材，通过二维码的形式链接到出版社平台，供学生扫码学习。

教材建设是一项浩大而复杂的千秋工程，为培养建筑行业转型升级所需的合格人才贡献力量是我们的夙愿。BIM、装配式建筑、智能建造在我国的应用尚处于起步阶段，在教材建设中有许多课题需要探索，本系列教材难免存在不足之处，恳请专家和广大读者批评、指正，希望更多的同仁与我们共同努力！

胡兴福

2023 年 7 月

前　言

党的二十大报告提出,推进新型工业化,加快建设制造强国、质量强国、航天强国、交通强国、网络强国、数字中国。要加快发展方式绿色转型,实施全面节约战略,发展绿色低碳产业,倡导绿色消费,推动形成绿色低碳的生产方式和生活方式。

作为新时代建筑工业化、行业转型升级、产业绿色发展的重要发展方向之一,装配式建筑技术已成为当下建筑技术改革的重要领域,社会与行业对装配式建筑技术人才的需求也日益迫切。

为了深入贯彻《"十四五"建筑节能与绿色建筑发展规划》《关于推进以县城为重要载体的城镇化建设的意见》《住房和城乡建设部等部门关于推动智能建造与建筑工业化协同发展的指导意见》(建市〔2020〕60号)等文件精神,响应国家大力发展职业教育的要求,助力国家培养具有"大国工匠精神"的专业人才,本书针对目前行业对装配式建筑人才的需求,结合装配式建筑构件生产及施工的重点知识与技能,在充分考虑法律、法规和行业规范的前提下,将装配式建筑典型构件生产与施工任务进行模块化划分,并参照《装配式建筑构件制作与安装职业技能等级证书考试标准》及《装配式建筑技能大赛评分标准》进行评价设置,融入"1+X"职业技能等级证书考试内容,以实现"岗课赛证"融通的教学效果,有助于学生掌握装配式建筑技术核心技能。

本书采用工作手册式编排,共4个模块、10个项目。模块1为认识装配式建筑,内容为装配式建筑概述;模块2为装配式混凝土结构施工,包括预制混凝土构件吊装施工、灌浆施工、节点施工和外墙防水密封4个项目;模块3为装配式建筑工程管理,包括预制混凝土构件的运输管理和装配式建筑工程管理2个项目;模块4为装配式建筑施工综合实训,包含构件安装岗位实训、构件灌浆岗位实训、外墙防水密封实训3个项目,对应"1+X"装配式建筑构件制作与安装职业技能等级证书的实操模块及实际岗位工作的任务。

本书由金华职业技术学院楼聪、张弦波担任主编,金华职业技术学院李晓珍、盛昌、吴承卉担任副主编。参与本书编写的还有马超群(中天建设集团有限公司)、周群美、程显风、张琳娜、罗东平、苏红来(浙江建研科技有限公司)等。本书具体编写分工如下:模块1由吴承卉、李晓珍主要编写,由马超群辅助编写;模块2由楼聪、盛昌、周群美、程显风编写;模块3由张弦波、张琳娜编写;模块4由罗东平、楼聪主要编写,由苏红来等辅助编写。全书由楼聪统稿。同时,本书的编写还要感谢浙江省建工集团有限责任公司、杭州建研科技有限公司等企业的工作人员在本书编写过程中提供的大力支持,在此表示衷心的感谢!

由于本书编者水平有限,书中难免存在不足之处,敬请广大读者批评、指正。随着装配式建筑技术的不断发展,本书及后续更新资料也将随之完善与更正,希望能对广大土建类专业学生及装配式建筑从业者的学习与工作有所帮助。

编　者

2024 年 1 月

目 录

模块 1 认识装配式建筑

项目 1.1 装配式建筑概述

项目介绍

本项目主要介绍装配式建筑的发展历程和特点等。装配式建筑是经设计(建筑、结构、给排水、电气、设备、装饰)后,由工厂对建筑构件进行工业化生产,将生产后的建筑构件运送到施工现场进行装配而成的建筑。通过学习本项目,读者能够对装配式建筑这一新技术新方法有初步的了解。

学习目标

知识目标

(1) 了解装配式建筑的发展历程。

(2) 熟悉装配式建筑的特点及施工特征。

技能目标

能够掌握装配式建筑的优缺点。

素质目标

熟悉国家及各地装配式建筑的要求与政策。

案例引入

17世纪,美洲移民时期所用的木构架拼装房屋就是一种装配式建筑。1851年,伦敦用铁骨架嵌玻璃建成的水晶宫是世界上第一座大型装配式建筑。第二次世界大战后,欧洲一些国家及日本房荒严重,迫切需要解决住宅问题,促进了装配式建筑的发展。到了20世纪60年代,装配式建筑得到长足的发展。

任务 1.1.1 装配式建筑的发展历程

【任务描述】

装配式建筑的发展经历了多个重要阶段。因此,了解装配式建筑的发展历史和内涵,有助于理解装配式建筑的设计原则和发展趋势。本任务内容如表1-1所示。

表 1-1　工作任务表

任务清单
1. 写出国内外装配式建筑发展重要阶段的区别； 2. 简述装配式建筑的定义与意义。

【任务分组】

请完成本任务分组，并将分组情况填入表 1-2。

表 1-2　工作分组表

工作分组					
班级		组号		指导老师	
组长		学号			
组员	序号	姓名	学号	任务分工	

【工作准备】

（1）仔细阅读本任务的相关知识，结合书籍、互联网等资源了解装配式建筑的发展历程。

（2）根据文献资料总结装配式建筑发展的重要阶段。

（3）思考装配式建筑发展的意义。

【工作实施】

根据要求，完成表 1-3 中的工作任务。

表 1-3　工作实施表

任务一　国内外装配式建筑的发展历程和区别			
序号	引导问题	你的回答	完成人
1	写出国外装配式建筑发展的重要节点及事件		
2	写出国内装配式建筑的发展的重要节点及事件		

续表

任务一 国内外装配式建筑的发展历程和区别			
序号	引 导 问 题	你 的 回 答	完成人
3	分析国内外装配式建筑发展的相似及不同之处		

任务二 装配式建筑的内涵与意义			
序号	引 导 问 题	你 的 回 答	完成人
4	什么样的建筑可以称为装配式建筑？		
5	为什么要发展装配式建筑？		

【思考题】

1. 按照制作材料分类,装配式建筑有哪些类型?

2. 按照结构形式分类,装配式建筑有哪些类型?

【任务考核/评价】

教师根据学生工作过程与工作结果进行评价,并将评价结果填入表1-4。

表 1-4   任务考核评价表

班级：		姓名：		学号：		所在组：	
所在项目		项目 1.1 装配式建筑概述					
工作任务		任务 1.1.1 装配式建筑的发展历程					
评价项目		评 价 标 准				分值	得分
任务考核（80%）	国内外装配式建筑的发展历程	描述内容是否正确、完整				40	
	装配式建筑的内涵	对装配式建筑设计理念理解是否正确				20	
	发展装配式建筑的意义	对装配式建筑发展意义的理解是否准确				20	
过程表现（20%）	任务参与度	积极参与工作中的各项内容				5	
	工作态度	态度端正，工作认真、主动				5	
	团队协作	能与小组成员合作交流、协调配合				5	
	职业素质	能够做到遵纪守法、安全生产、爱护公共设施、保护环境				5	
		合　计				100	

【相关知识】

1. 国外装配式建筑的发展

国外的工业化住宅起源于 20 世纪 30 年代，当时它是汽车拖车式的、用于野营的汽车房屋，最初作为车房的一个分支业务而存在，主要是为选择迁移、移动生活方式的人提供住所。但是在 20 世纪 40 年代，也就是第二次世界大战期间，野营的人数减少了，旅行车被固定下来，作为临时的住宅。第二次世界大战结束以后，政府担心拖车造成贫民窟，不允许再用其作为住宅。

20 世纪 50 年代后，人口大幅增长，军人复员，移民涌入，同时军队和建筑施工队也急需简易住宅，国外出现了严重的住房短缺。在这种情况下，许多业主又开始购买旅行拖车作为住宅使用。于是，政府又放宽了政策，允许使用汽车房屋。同时，受其启发，一些住宅生产厂家也开始生产外观更像传统住宅，但可以用大型的汽车拉到各个地方直接安装的工业化住宅。可以说，汽车房屋是国外工业化住宅的雏形，如图 1-1 所示。

微课：装配式建筑
的发展历程

图 1-1   国外早期的汽车房屋

国外的工业化住宅是从房车发展而来的,所以形象一直不太好。其在国外人心中的感觉大多是低档而破旧的住宅,其居民大多是贫穷、老弱的少数民族或移民。更糟糕的是,由于社会的偏见(对低收入家庭等),大多数国外地方政府都对这种住宅群的分布有多种限制,工业化住宅在选取土地时就很难进入"主流社会"的土地使用地域(城市里或市郊较好的位置),这更强化了人们对这种产品的心理定位,其居住者也难以享受到与其他住宅居住者一样的权益。为了摆脱"低等""廉价"形象,工业化住宅努力求变。

1976年,美国国会通过了国家工业化住宅建造及安全法案(National Manufactured Housing Constructionand Safety Act),同年开始由HUD负责出台一系列严格的行业规范和标准,并一直沿用到今天。除了注重质量,现在的工业化住宅更加注重提升美观、舒适性及个性化,许多工业化住宅的外观与非工业化住宅外观相差无几。新的技术不断出台,节能方面也是新的关注点。这说明,国外的工业化住宅经历了从追求数量到追求质量的阶段性转变。

1997年,美国新建住宅147.6万套,其中工业化住宅113万套,均为低层住宅,其中主要为木结构,数量为99万套,其他的为钢结构。这取决于他们传统的居住习惯。

据美国工业化住宅协会统计,2001年,美国的工业化住宅已经达到1000万套,占国外住宅总量的7%,为2200万当地居民解决了居住问题。其中,工业化住宅中的低端产品——活动房屋从1998年的最高峰——占总开工数的23%即373000套,下降至2001年的10%即18.5万套。而中高端产品——预制化生产住宅的产量则由1990年早期的6万套增加到2002年的8万套,而其占工业化生产的比例也由1990年早期的16%增加为2002年的30%～40%。

消费者可以选择已设计的定型产品,也可以根据自己的爱好对设计进行修改,对于定型设计,也可以根据自己的意愿增加或减少项目,这体现出以消费者为中心的住宅消费理念。因此,2001年消费者的满意度超过65%。

2021年,美国的工业化住宅总值达到160亿美元。目前在国外,每16个人中就有1个人居住的是工业化住宅。工业化住宅已成为非政府补贴的经济适用房的主要形式,因为其成本还不到非工业化住宅的一半。在低收入人群、无福利的购房者中,工业化住宅是其住房的主要来源之一(图1-2)。

图1-2　国外装配式建筑

2. 我国装配式建筑的发展

我国住宅产业化发展历程可分为以下三个阶段。

1）第一阶段

20 世纪 50 年代至 80 年代为创建期和起步期。20 世纪 50 年代，我国提出向苏联学习工业化建设经验，以及学习设计标准化、工业化、模数化的方针，在建筑业发展预制构件和预制装配件方面进行了很多关于工业化和标准化的讨论与实践；20 世纪五六十年代开始研究装配式混凝土建筑的设计施工技术，形成了一系列装配式混凝土建筑体系，较为典型的建筑体系有装配式单层工业厂房建筑体系、装配式多层框架建筑体系、装配式大板建筑体系等；20 世纪六七十年代借鉴国外经验和结合国情，引进南斯拉夫的预应力板柱体系，即后张预应力装配式结构体系，进一步改进了标准化方法，在施工工艺、施工速度等方面都有一定的提高；20 世纪 80 年代提出"三化一改"方针，即设计标准化、构配件生产与工厂化、施工机械化和墙体改造，出现了用大型砌块装配式大板、大模板现浇等住宅建造形式，但由于当时未解决产品单调、造价偏高和一些关键的技术问题，建筑工业化综合效益不高。可以说，这一时期是在计划经济形式下政府推动，以住宅结构建造为中心的时期。

2）第二阶段

20 世纪 80 年代至 2000 年为探索期。20 世纪 80 年代住房开始实行市场化的供给形式，住房建设规模空前迅猛，这个阶段我国在工业化方向做了许多积极意义的探索，例如，模数标准与工业化紧密相关，1987 年我国制定了《建筑模数协调标准》(GBJ 2—1986，现被 GB/T 50002—2013 替代)，主要用于模数的统一和协调。20 世纪 90 年代部品与集成化也开始出现在住宅领域，这个时期相对主体的工业化，主体结构外的局部工业化较突出，同时伴随住房体制的改革，对住宅产业理论进行了相关研究，主要以小康住宅体系研究为代表，但是这个时期住宅产业化与房地产建设的发展脱节。

3）第三阶段

2000 年至今为快速发展期。这个时期关于住宅产业化和工业化的政策和措施相继出台。在政策方面，2006 年原中华人民共和国建设部（现为中华人民共和国住房和城乡建设部，以下简称住房城乡建设部）颁布了《国家住宅产业化基地实施大纲》，2008 年开始探索 SI 住宅技术研发和"中日技术集成示范工程"；在装修方面，进一步倡导推进全装修。近年来，地方政府关于住宅工业化的政策也相继出台，其中北京、上海、深圳、沈阳等城市也专门制定了相关规范。2013 年 1 月，国家发展和改革委与住房城乡建设部联合发布了《绿色建筑行动方案》(国办发〔2013〕1 号)，明确将推动建筑工业化作为十大重点任务之一。在大力推动转变经济发展方式，调整产业结构和大力推动节能减排工作的背景下，北京、上海、沈阳、深圳、济南、合肥等城市地方政府以保障性住房建设为抓手，陆续出台支持建筑工业化发展的地方政策。国内的大型房地产开发企业、总承包企业和预制构件生产企业也纷纷行动起来，加大建筑工业化投入。从全国来看，以新型预制混凝土装配式结构快速发展为代表的建筑工业化进入新一轮的高速发展期。这是我国住宅产业真正进入全面推进的时期，工业化进程也在逐渐加快推进，但是总体来看与发达国家相比差距还很大。随着我国的建筑设计和建造技术的逐渐进步，设计的内容也从最初单一的形式转变成在形式、功能与环保等各方之间寻求平衡,而预制装配系统几乎可以满足多种类型的建筑。实际上,装配式建筑早在几十年前便已出现。近年来,随着国内外双重需求压力的不断增加,装配式建筑形式再次被提出并应用。目前,全国各地普遍在住宅类工程中采用了装配式建筑。例如,图 1-3 为上海浦东新区装配式建筑。

图 1-3　上海浦东新区装配式建筑

任务 1.1.2　装配式建筑的特点

【任务描述】

根据教材相关材料及其他书籍、网络资源,完成表 1-5 中的任务。

表 1-5　工作任务表

任务清单
1. 了解装配式建筑与传统建筑的区别;
2. 分析装配式建筑的优缺点;
3. 撰写装配式建筑特点方面的简要报告。

【任务分组】

请完成本任务分组,并将分组情况填入表 1-6。

表 1-6　工作分组表

工作分组					
班级		组号		指导老师	
组长		学号			
组员	序号	姓名	学号	任务分工	

【工作准备】

阅读教材相关资料,并结合其他资源收集装配式建筑的特点信息,了解装配式混凝土建筑和现浇混凝土建筑的异同点,熟悉装配式建筑设计及生产方式。

【工作实施】

根据要求,完成表 1-7 中的工作任务。

表 1-7　工作实施表

任务一　装配式建筑与传统建筑的区别			
序号	引 导 问 题	你 的 回 答	完成人
1	简述传统混凝土建筑的设计、施工的流程		
2	简述装配式建筑实施的流程		
3	从设计、生产、施工、环境影响、经济效益等角度对比装配式建筑与传统建筑的区别		

任务二　分析装配式建筑的优缺点			
序号	引 导 问 题	你 的 回 答	完成人
4	简述装配式建筑的优点		
5	简述装配式建筑可能存在的问题		

续表

	任务三 撰写装配式建筑特点方面的简要报告		
6	根据上述分析,撰写装配式建筑特点方面的简要报告		

【思考题】

1. 装配式建筑的发展将对现代化建筑的产业升级带来哪些影响?

2. 哪些因素限制了装配式建筑的发展?

【任务考核/评价】

教师根据学生工作过程与工作结果进行评价,并将评价结果填入表1-8。

表 1-8 任务考核评价表

班级:		姓名:	学号:	所在组:	
所在项目		项目1.1 装配式建筑概述			
工作任务		任务1.1.2 装配式建筑的特点			
评价项目		评 价 标 准		分值	得分
任务考核 (80%)	装配式建筑与传统建筑的区别	描述内容是否正确、完整		20	
	分析装配式建筑的优缺点	描述内容是否正确、完整		20	
	撰写装配式建筑特点方面的简要报告	简述报告内容是否正确、丰富,逻辑是否清晰		40	
过程表现 (20%)	任务参与度	积极参与工作中的各项内容		5	
	工作态度	态度端正,工作认真、主动		5	
	团队协作	能与小组成员合作交流、协调配合		5	
	职业素质	能够做到遵纪守法、安全生产、爱护公共设施、保护环境		5	
	合　计			100	

【相关知识】

1. 装配式建筑的特征

1）系统性和集成性

装配式建筑集中体现了工业产品社会化大生产的理念,具有系统性和集成性,其设计、生产、建造过程是各相关专业的集合,促进了整个产业链中各相关行业整体技术的进步,需要科研、设计、开发、生产、施工等各方面的人力、物力协同推进,才能完成装配式建筑的建造。

微课:装配式
建筑的特点

2）设计标准化、组合多样化

标准化设计是指对于通用装配式构件,根据构件共性条件,制定统一的标准和模式,开展适用范围比较广泛的设计。在装配式建筑设计中,采用标准化设计思路,大大减少了构件和部品的规格,重复劳动少,设计速度快。同时,在设计过程中,可以兼顾城市历史文脉、发展环境、周边环境与交通人流、用户的习惯和情感等因素;在标准化的设计中,可以融入个性化的要求并进行多样组合,丰富装配式建筑的类型。以住宅为例,可以用标准化的套型模块组合出不同的建筑形态和平面组合,创造出板楼、塔楼、通廊式住宅等众多平面组合类型,为满足规划的多样化要求提供了可能。

3）生产工厂化

装配式建筑的结构构件都是在工厂生产的,工厂化预制采用了较先进的生产工艺,因其模具成型,蒸汽养护,工厂机械化程度较高,所以大大提高了生产效率,并大幅降低产品成本。同时,由于生产工厂化,且材料、工艺容易掌控,所以使得构件产品质量得到很好的保证。

4）施工装配化、装修一体化

装配式建筑的施工可以实现多工序同步一体化完成。由于前期土建和装修一体化设计,所以构件在生产时已事先统一在建筑构件上预留孔洞,并在装修面层预理固定部件,避免在装修施工阶段对已有建筑构件打凿、穿孔。构件运至现场之后,按预先设定的施工顺序完成一层结构构件吊装之后,在不停止后续楼层结构构件吊装施工的情况下,可以同时进行下层的水电装修施工,逐层递进,且每道工序都可以像设备安装那样检查精度,各工序交叉作业方便有序,简单快捷,且可保证质量,加快施工进度,缩短工期。

5）管理信息化、应用智能化

装配式建筑将建筑生产的工业化进程与信息化紧密结合,是信息化与建筑工业化深度融合的结果。装配式建筑在设计阶段采用 BIM 技术进行立体化设计和模拟,避免设计错误和遗漏;在预制和拼装过程中采用 ERP 管理系统,施工时用网络拍摄和在线监控;生产时预埋信息芯片,可以实现建筑的全寿命周期信息管理。BIM 可以简单地理解为"模型+信息",模型是信息的载体,信息是模型的核心。同时,BIM 又贯穿于规划、设计、施工和运营的建筑全生命期,可供全生命期的所有参与单位基于统一的模型实现协同工作。信息化技术与方法在装配式建筑工业化产业链中的部品生产、建筑设计、施工等各个环节中都是不可或缺的。

2. 装配式建筑的优势

传统建筑在设计建造过程中存在诸多问题。例如,其设计、生产、施工相互脱节,生产过程连续性差;以单一技术推广应用为主,建筑技术集成化低;以现场手工、湿作业为主,生产机械化程度低,材料浪费多,建筑垃圾量大,环境污染严重;工程以包代管、管施分离;工程建设管理粗放,对资源、能源的利用率低;以劳务市场的农民工为主,工人技能、素质低,难以控制工程质量等。

与传统建筑相比,装配式建筑采用的是标准化设计思路,结合生产、施工需求,优化设计方案,设计质量有保证,便于实行构配件生产工厂化、装配化和施工机械化。构件由工厂统一生产,可以减少现场手工湿作业带来的建筑垃圾等废弃物;构件运至现场后,采用装配化施工,机械化程度高,有利于提高施工质量和效率,缩短施工工期,减少对周边环境的影响;采用信息化技术实施定量和动态管理,进行全方位控制,效果好,资源、能源浪费少,节约建设材料,环境影响小,综合效益高。

1)保护环境、减少污染

在传统建筑工程施工过程中,因采用现场湿作业方式,所以现场材料、机械多,施工工序多,人员、机械、物料、能耗管理难度大,不仅会对周围环境造成严重的噪声污染、泥浆污染、灰尘固体悬浮物污染、光污染,还会产生固体废弃物等。而装配式建筑的构件先在工厂生产,然后运到现场吊装。现场施工湿作业少,工地物料少,现场整洁性好。主要构件已预制成型,现场灰料少,施工工序简单,大大减少了施工过程中的噪声和烟尘,垃圾、损耗都减少一半以上,可以有效降低施工过程对环境的不利影响,有利于减少污染、保护环境。

2)装配式建筑品质高

预制装配式建筑可以在设计、生产、施工过程中对建筑质量进行全方位控制,有利于提高建筑品质。与传统建筑构件采用现场现浇,多采用木模成型,需要大量支撑的施工方式相比,装配式建筑构件采用工厂预制生产,严格按图施工,钢模成型,外观整洁,且用蒸汽养护,质量更有保证。传统建筑的现场施工,工人素质参差不齐,人员流动频繁,管理方式粗放,施工质量难以得到保证,且很大程度上受限于施工人员的技术水平。而装配式建筑构件在预制工厂生产,完全按照工厂的管理体制及标准体系来预制构件,如选择原材料、预先定制钢模。大多数构件一体成型,生产人员较固定,技术水平有保证,在生产过程中可对材料配比、钢筋排布、养护温度、湿度等条件进行严格控制,对构件出厂前的质量检验进行把关,使得构件的质量更容易得到保证。构件在现场吊装施工之前,还需经过多道检验,装配时可增加柔性连接,提高建筑结构的抗震性。构件在生产过程中可配合使用轻质、难燃材料,以降低建筑物自重,提高建筑的耐火极限和隔声要求。在预制外墙的生产过程中,可采用预嵌外饰材方式生产,也可采用预制工艺做成各种形式的面饰,牢固美观可靠,不掉石材砖块。墙板之间的缝隙采用双重隔水层,且可分层断水,能最大限度地改善墙体开裂、渗漏等质量通病,并提高住宅整体安全等级、防火性、隔声和耐久性。

3)装配式建筑形式多样

传统建筑造型一般受限于模板搭设能力,很难做出造型复杂的建筑。而装配式建筑在设计过程中,可根据建筑造型要求,灵活进行结构构件设计和生产,也可与多种结构形式进行装配施工。例如,与钢结构复合施工,可以采用预制混凝土柱与钢构桁架复合建造,也可以设计制造如悉尼歌剧院式的薄壳结构或板壳结构。由国外建筑师 Ri Chard Meier 设计,于 2003 年建造完成的罗马千禧教堂就是由 346 片预制异型混凝土板组构而成的。除此之外,采用预制工艺,还可以完成各种造型复杂的外饰造型板材、清水阳台或构件,如庙宇式建筑——花莲慈济精舍寮房,就是采用预制工艺建造而成的装配式建筑。

从实用角度出发,装配式建筑可以根据选定户型进行模数化设计和生产,结构形式灵活多样。这种设计方式可以大大提高生产效率,对大规模标准化建设尤为适合。因此,采用装配式建筑可以更快速、高效地满足像传统现浇建筑一样的建筑造型要求和实用需求。

4)减少施工过程安全隐患

在传统施工过程中,模板脚手架多,现场物料、人员、机械复杂,高空作业多,安全管理难度大,安全隐患多。而装配式建筑的构件在工厂流水式生产,运输到现场后,由专业安装队伍严格遵循流程进行装配,现场仅需部分临时支撑,现场整洁明了;采用制式安全网施工,且预制施工外围无脚手架,施工动线明确,相对容易实现安全管理。因此,与传统施工相比,预制装配式建筑大大降低了安全隐患。

5)施工速度快,现场工期短

装配式建筑比传统方式的施工进度快 30% 左右。在传统建筑施工时,需要架设大量支撑和模板,然后才能浇筑混凝土,达到规定养护时间后,才能进行后续楼层施工。而装配式建筑的构件由预制厂提前批量生产,采用钢模,无须支撑,可蒸汽养护,从而缩短构件生产周期和模板周转时间,尤其是生产形式较复杂的构件时,其优势更为明显,可以节省相应的施工流程,大大提高时间利用率。进入施工现场之后,结构构件可统一吊装施工,且可实现结构体吊装、外墙吊装、机电管线安装、室内装修等多道工序同步施工,大大缩短施工现场的作业时间,从而加快施工进度,缩短现场工期。例如,大润发台湾内湖二店 5 万平方米的项目采用装配式建筑的总工期只有 5 个月。

6)降低人力成本,提高劳动生产效率

传统建筑施工技术集成能力低、生产手段落后,需要投入大量的人力才能完成工程建设。目前我国逐渐步入老龄化社会,工人整体年龄偏大,新生力量不足,建筑行业劳动力不足,缺乏技术人员,劳动力成本攀升,导致传统施工方式难以为继。装配式建筑采用预制工厂生产,现场吊装施工的机械化程度高,使劳动生产率提高,减少现场施工及管理人员数量近 10 倍,大大降低人工成本。图 1-4 所示为装配式建筑施工现场图。

图 1-4　装配式建筑施工现场图

3. 装配式的施工特征

装配式施工方式有别于现浇的施工方式,其特点如下。

微课:装配式建筑的施工特征

1)现场施工人员少

装配式建筑的构件是在专业的构件加工厂批量生产的,现场只需要少量建筑工人参与机械化吊装,施工现场参与人员较少,也便于管理人员进行管理,减少由于施工带来的不安全因素。

2)建筑物外立面工作量减少

建筑物的外立面通常采用预制外墙构件,构件本身在工厂加工时就已经完成涂刷、保温层、门窗安装等工作,减少了危险性较高的外墙工作量,也省去了涂刷材料和工具的堆放和搁置,更利于施工安全。

3)垂直运输机械要求标准高、需求大

装配式建筑的预制构件是成批量的,所以数量多,单个构件的质量也大。依据构件的质量、安装高度、安装位置等选择垂直运输机械时,应保证预制构件的完整性。例如,不仅应使安装强度超过构件承受的最大强度,还应对预制构件采取加固措施。

4)施工现场构件堆放量大

装配式建筑虽省去了钢筋、混凝土等材料的堆放工序,却要考虑质量大、数量多的工程所需预制构件的堆放规划,这都要提前认真仔细地设计详细的堆放方案。堆放的位置不仅要考虑预制构件的安全性,还要在不影响正常交通和其他施工材料运输的前提下,尽量安排离施工位置较便利的位置作为堆放点。

5)构件连接和固定精度高

与传统施工现浇整体式不同的是,预制构件间的连接位置较多,容易产生安全隐患,这不仅会影响建筑质量,也会影响施工安全。若要保证连接的施工工艺符合要求,则外墙构件的临时支撑设备要在保证质量的前提下,有详细的使用说明,连接完成后,还要逐个进行排查。

6)工序烦琐、难度大

装配式施工主要分为两种工序:一种是装配式构件和结构同步安装施工;另一种是先进行结构施工,后安装相应构件。第一种施工工序要求先对外墙等进行吊装,再进行梁、板等操作,必须保证吊装技术的成熟度,将吊装的误差控制在合理的范围内,一层完成后,再进行下一层的吊装工作。

7)更加严格的安全防护措施

两道防护措施:第一道为安全围挡;第二道为平铺网。第一道安全围挡可以设计成随用随拆的设计形式,预制构件全部安装完成后,再对上一层进行围挡。如果安全技术成熟,则第二道防护措施通常不需要传统操作的脚手架,而是运用外墙窗洞口在操作层安装平铺网,主要是为了防止高空坠落事故的发生。在预制构件吊装过程中,吊装操作下方的区域为安全区域,无关人员不得入内。

> **拓展资料**
>
> 近年来,我国建筑行业蓬勃发展,极大地促进了国民经济的增长。基于土地出让金的大幅度增加,从业人员的人工价格也不断攀升,人们的节能环保要求意识逐步提高,建

筑行业所面临的竞争压力也将越来越大。为提高核心竞争力,新的行业产业模式——预制装配式建筑应运而生。

与先进的建筑工业化国家相比,我国的建筑工业化发展水平和基础较为薄弱,尚处于工业化的初级阶段,以至于我国的建筑总量虽早已领先全球,但距离世界建筑强国还有很大的差距。发达国家的装配式建筑技术是经历了半个多世纪才发展起来的,也是技术理论、技术实践和管理经验逐步积累的过程。即便如此,目前大多数国家装配式建筑的比例也不到30%。

2016年2月,党中央和国务院印发了《中共中央 国务院关于进一步加强城市规划建设管理工作的若干意见》,提出力争用10年左右时间,使装配式建筑占新建建筑的比例达到30%。2016年3月的全国两会,李克强总理在《政府工作报告》中进一步强调,应大力发展钢结构和装配式建筑,加快标准化建设,提高建筑技术水平和工程质量。2021年1月4日印发的《关于推动智能建造与建筑工业化协同发展的指导意见》,2022年5月6日印发的《关于推进以县城为重要载体的城镇化建设的意见》等文件,都提到要大力发展绿色建筑,推广装配式建筑。大力发展装配式建筑受到党中央、国务院的高度重视,同时也得到业界的积极响应和广泛参与,装配式建筑浪潮已在全国蓬勃兴起。在国家政策的引导下,各省市纷纷下发关于"十四五"期间装配式建筑行业的发展目标,要求我国新建建筑中的装配式建筑比例达到30%,部分地区甚至更高。由此推算,我国每年将建造数亿平方米的装配式建筑,这个规模和发展速度在世界建筑产业化进程中也是前所未有的。我国建筑界将面临巨大压力,同时也迎来了机遇。我们要用10年时间走完其他国家半个多世纪的路,需要学的知识和需要做的工作非常多,从事装配式建筑研发、设计、生产、施工和管理等环节的从业人员,无论是数量还是素质均已经无法满足装配式建筑的市场需求。据统计,我国建筑工业化发展所需后备人才的缺口已近百万人。目前,在高等院校的培养教育方面,建筑工业化专业技术人才仍有较大的缺口。

【项目考核/评价】

(1)请根据项目完成情况,完成学习自我评价,将评价结果填入表1-9。

表1-9　学习成果自评表

班级:	姓名:	学号:	所在组:
所在项目	项目1.1　装配式建筑概述		
评价项目	分值	得分	
学习内容掌握程度	30		
工作贡献度	20		
课堂表现	20		
成果质量	30		
合　计	100		

(2)学习小组成员根据工作任务开展过程及结果进行互评,将评价结果填入表1-10。

表 1-10 学习小组互评表

所在项目			项目 1.1 装配式建筑概述							
组号										
评价项目	分值	等 级				评价对象(序号)				
						组长	1	2	3	4	5
工作贡献	20	优(20)	良(16)	中(12)	差(8)					
工作质量	20	优(20)	良(16)	中(12)	差(8)					
工作态度	20	优(20)	良(16)	中(12)	差(8)					
工作规范	20	优(20)	良(16)	中(12)	差(8)					
团队合作	20	优(20)	良(16)	中(12)	差(8)					
合 计	100									

（3）教师根据学生工作过程与工作结果进行评价，并将评价结果填入表 1-11。

表 1-11 教师综合评价表

班级：		姓名： 学号：	所在组：	
所在项目		项目 1.1 装配式建筑概述		
评价项目		评 价 标 准	分值	得分
考勤(10%)	无无故迟到、早退、旷课现象		10	
工作过程 (50%)	熟知装配式构件类型	能够说出典型装配式混凝土预制构件的类型	10	
	了解混凝土预制构件原材料	掌握混凝土预制构件原材料的类型及质检标准	10	
	熟悉预制构件生产不同岗位职责	能够说出预制混凝土构件生产工厂各岗位的工作职责	10	
	任务参与度	积极参与工作中的各项内容	5	
	工作态度	态度端正,工作认真、主动	5	
	团队协作	能与小组成员合作交流,协调配合	5	
	职业素质	能够做到遵纪守法、安全生产、爱护公共设施、保护环境	5	
项目成果 (40%)	工作完整	能按时完成任务	5	
	工作规范	能按规范开展工作任务	5	
	简述报告	简述报告内容完善、准确	15	
	岗位任务书	对于岗位职责描述准确、详尽	15	
合 计			100	
综合评价	自评(20%)	小组互评(30%)	教师评价(50%)	综合得分

模块 2 装配式混凝土结构施工

项目 2.1 预制混凝土构件吊装施工

项目介绍

预制混凝土构件有预制墙板、柱、梁、叠合板、楼梯及阳台板等,吊装作业是装配式建筑施工的重要环节,对建筑的整体质量和安全可靠性起着决定性作用。本项目介绍预制混凝土构件吊装施工的主要施工工艺,旨在帮助读者初步掌握预制混凝土构件吊装施工的操作技术及要点。

学习目标

知识目标

(1) 熟悉混凝土构件吊装的基本工序。

(2) 掌握混凝土预制墙板吊装的施工流程和工艺要求。

(3) 掌握混凝土预制柱吊装的施工流程和工艺要求。

(4) 掌握混凝土预制楼板吊装的施工流程和工艺要求。

技能目标

(1) 掌握各种混凝土构件吊装作业的技术要点。

(2) 掌握混凝土构件吊装后的质量验收方法。

素质目标

(1) 树立严谨的工作作风。

(2) 培养团队协作能力。

案例引入

某小学主体结构为全装配混凝土框架体系,应用的部品部件有预制框架柱、预制叠合框架梁、预制叠合次梁、预制叠合板、钢楼梯、PS-PC混合屋面等,其施工现场如图 2-1 所示。采用正向 BIM 进行装配式设计,可实现数字孪生,有效提高施工效率,实现现场钢筋零碰撞,节约成本及工期。

图 2-1　某小学装配式施工现场

任务 2.1.1　预制剪力墙板吊装

【任务描述】

预制剪力墙构件是重要的竖向预制构件类型,本任务将学习预制剪力墙的吊装工艺及操作流程,具体任务如表 2-1 所示。

表 2-1　工作任务表

任务清单
1. 掌握预制剪力墙板吊装施工工艺;   2. 掌握预制剪力墙板吊装操作流程;   3. 熟悉预制剪力墙板吊装的质量控制要求及措施。

【任务分组】

请完成本任务分组,并将分组情况填入表 2-2。

表 2-2　工作分组表

<table>
<tr><td colspan="6">工作分组</td></tr>
<tr><td>班级</td><td></td><td>组号</td><td></td><td>指导老师</td><td></td></tr>
<tr><td>组长</td><td></td><td>学号</td><td colspan="4"></td></tr>
<tr><td rowspan="7">组员</td><td>序号</td><td>姓名</td><td colspan="2">学号</td><td>任务分工</td></tr>
<tr><td></td><td></td><td colspan="2"></td><td></td></tr>
<tr><td></td><td></td><td colspan="2"></td><td></td></tr>
<tr><td></td><td></td><td colspan="2"></td><td></td></tr>
<tr><td></td><td></td><td colspan="2"></td><td></td></tr>
<tr><td></td><td></td><td colspan="2"></td><td></td></tr>
<tr><td></td><td></td><td colspan="2"></td><td></td></tr>
</table>

【工作准备】

(1) 阅读工作任务表,完成学习分组,仔细阅读本任务相关资料。

(2) 收集《预制混凝土剪力墙内墙板》(15G365-2)、《装配式混凝土结构表示方法及示例(剪力墙结构)》(15G107-1)、《装配式混凝土建筑技术标准》(GB/T 51231—2016)、《装配式混凝土结构技术规程》(JGJ 1—2014)等规范和图集,完成本任务。

(3) 了解预制构件安装的主要思路,熟悉常用的机械及工具。

【工作实施】

根据要求,完成表 2-3 中的工作任务。

表 2-3　工作实施表

序号	引 导 问 题	你 的 回 答
1	构件起吊前,应进行构件吊前检查。请写出构件吊前检查的内容。	
2	如何完成预制剪力墙板安装位置的定位?	
3	预制剪力墙板与楼板接缝处是否需要进行处理? 有何作用?	
4	预制剪力墙板构件连接处的钢筋需要符合哪些要求?	
5	构件落位时,如何保证构件的标高与设计相符?	
6	如何保证预制剪力墙板与下侧连接部位的坐浆高度?	
7	在吊运过程中,应该注意哪些操作要点? 请根据右侧提示,将要点补充完整。	起吊时安全检查: 现场安全防护: 吊机操作要点: 吊运人员组织:

序号	引 导 问 题	你的回答
8	如何确保预制剪力墙板构件落位位置准确？	
9	完成预制剪力墙板吊运和落位后,如何进行墙板的临时固定？	
10	安装落位后,如果预制剪力墙板位置与垂直度出现了偏差,应该如何调整？	
11	写出预制剪力墙构件调运安装的具体施工流程及使用工具。	

【思考题】

1. 挂式预制墙板构件吊运施工流程与预制剪力墙吊运施工流程有何区别？

2. 预制剪力墙板构件吊运时,如何准确将下侧预留孔与钢筋对位是一个关键性问题,有何办法可以实现预制剪力墙的快速、准确对位？

3. 临时支撑有哪些固定形式？分别有何优缺点？

【任务考核/评价】

教师根据学生工作过程与工作结果进行评价,并将评价结果填入表2-4。

表 2-4　任务考核评价表

班级：　　　　　　姓名：　　　　　　学号：　　　　　　所在组：

所在项目		项目 2.1　预制混凝土构件吊装施工		
工作任务		任务 2.1.1　预制剪力墙板吊装		
评价项目		评 价 标 准	分值	得分
任务考核 （80%）	构件吊装前检查的内容	描述内容是否正确、完整	5	
	预制剪力墙板安装定位	方法是否正确，内容是否完整	5	
	预制剪力墙板与楼板连接处处理	处理方式是否正确、完整	5	
	预制剪力墙板构件连接处的钢筋处理	钢筋处理方式是否正确	5	
	构件标高定位	标高定位操作方式是否正确	5	
	预制剪力墙板与下侧接缝处理	接缝处理方式是否合理，内容是否完整	5	
	吊运过程中的操作要点	吊运操作要点是否完善，内容是否完整	10	
	预制剪力墙板构件落位	落位操作是否准确，方法是否得当	10	
	预制剪力墙板的临时固定	临时固定措施选择是否合理，操作流程是否得当	10	
	对预制剪力墙板位置与垂直度出现偏差的调整	偏差纠正方法是否合理、正确	10	
	预制剪力墙构件调运安装的具体施工流程及使用工具	流程内容是否完整，使用工具是否齐全、正确	10	
过程表现 （20%）	任务参与度	积极参与工作中的各项内容	5	
	工作态度	态度端正，工作认真、主动	5	
	团队协作	能与小组成员合作交流，协调配合	5	
	职业素质	能够做到遵纪守法、安全生产、爱护公共设施、保护环境	5	
合　计			100	

【相关知识】

1. 预制构件吊装

吊装预制构件前，需要合理地布置施工现场，确定吊装方案，并根据施工方案合理地布置塔吊位置。塔吊布设内容如图 2-2 所示。

预制构件吊装作业的基本工序：准备工作—预制构件吊运及安装—预制构件调整校正及临时固定—安装质量检查验收。在吊运及安装过程中，应注意以下事项。

（1）在被吊装构件上系好牵引绳，保证其安全牢固。

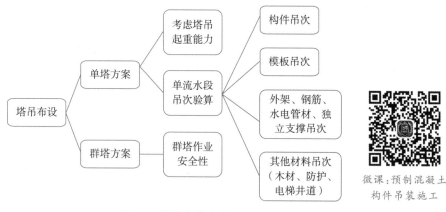

图 2-2 塔吊布设内容

（2）将吊具、索具安装吊挂到起重设备的吊钩上,并与构件上的吊挂点进行安装连接,检查其是否牢固。

（3）缓慢起吊构件,将其提升到约600mm的高度,观察有没有异常现象,吊索平衡后,再继续吊起。

（4）将构件吊至比安装作业面高出3m以上,且高出作业面最高设施1m以上的高度时,再将构件平移至安装部位上方,然后缓慢下降高度。

（5）当构件接近安装部位时,稍作停顿,安装人员利用牵引绳控制构件的下落位置和方向。

2. 预制墙板构件吊装

1）施工流程

基础清理及定位放线→封胶条及垫片安装→预制墙板吊运→预留钢筋插入就位→墙板调整校正→墙板临时固定,预制构件吊装及定位分别如图 2-3 和图 2-4 所示。

图 2-3 预制构件吊装

图 2-4 预制构件定位

2）预制墙板安装要求

预制墙板安装应符合下列要求。

（1）安装预制墙板时,应设置临时斜撑,每件预制墙板安装过程的临时斜撑应不少于2道,临时斜撑宜设置调节装置,支撑点位置距离底板不宜大于板高的2/3,且不应小于板高的 1/2,应准确安装、定位斜支撑的预埋件。

(2)安装预制墙板时,应设置底部限位装置,每件预制墙板底部限位装置不少于 2 个,间距不宜大于 4m。

(3)预制墙板安装垂直度应以满足外墙板面垂直为主。

(4)预制墙板拼缝校核与调整应以竖缝为主,横缝为辅。

(5)校核与调整预制墙板阳角位置相邻的平整度时,应以阳角垂直为基准。

3)主要安装工艺

(1)调整偏位钢筋。

吊装预制构件前,为了便于快速安装预制构件,应使用定位框检查竖向连接钢筋是否偏位,针对偏位钢筋用钢筋套管进行校正,便于后续预制墙体准确安装,如图 2-5 所示。

(2)预制墙体吊装就位。

为了保证墙体构件整体受力均匀,采用专用吊梁(即模数化通用吊梁)使预制墙板吊装就位,专用吊梁及构件起吊分别如图 2-6 和图 2-7 所示。专用吊梁由 H 型钢焊接而成,根据各预制构件吊装时的不同尺寸,不同的起吊点位置,设置模数化吊点,确保预制构件在吊装时吊装钢丝绳保持竖直。在专用吊梁下方设置专用吊钩,用于悬挂吊索,进行不同类型预制墙体的吊装,两吊钩样式分别如图 2-8 和图 2-9 所示。

图 2-5 钢筋调直

图 2-6 专用吊梁

在吊装预制墙体过程中,在距楼板面 1000mm 处减缓下落速度,由操作人员引导墙体降落,操作人员可用镜子观察连接钢筋是否已经对孔,直至钢筋与套筒全部连接。安装预制墙体时,按顺时针依次安装,先吊装外墙板后吊装内墙板。反光镜辅助对准及预制剪力墙构件落位分别如图 2-10 和图 2-11 所示。

(3)安装斜向支撑及底部限位装置。

① 预制墙体吊装就位后,先安装斜向支撑,用于固定调节预制墙体,确保预制墙体安装的垂直度。

图 2-7　构件起吊

图 2-8　吊钩样式1　　　图 2-9　吊钩样式2

图 2-10　反光镜辅助对准　　图 2-11　预制剪力墙构件落位

② 斜撑位置设置于墙体 $\frac{2}{3}H$ 处,支撑与水平线夹角在 $55°\sim65°$,每块墙板设置不少于 2 个支撑。

③ 斜撑与墙体及楼板采用膨胀螺栓固定,膨胀螺栓与楼板固定螺栓长度为 9cm,保证螺栓进入叠合板的预制板内 3cm,如图 2-12 所示。

之后,安装预制墙体底部限位的七字码,以保证后续灌浆与暗柱混凝土浇筑时不产生位移。墙体通过铅垂测试垂直度,如有偏差,则通过斜支撑调节,确保构件的水平位置及垂直度均达到允许偏差 5mm 之内的要求;还要检查墙体面上、下层的平齐情况,允许误差以不超过 3mm 为准。调整好之后,固定斜向支撑及七字码沿着预制外墙的内边线安装固定七字码,引导预制外墙的落位。限位七字码、固定七字码及检测、调整墙体垂直度分别如图 2-13～图 2-16 所示。

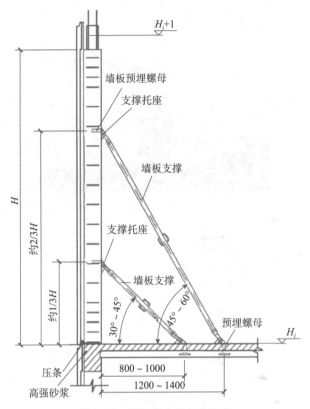

图 2-12　预制剪力墙支撑固定

图 2-13　限位七字码

图 2-14　固定七字码

图 2-15　检测墙体垂直度

图 2-16　调整墙体垂直度

任务 2.1.2 预制楼板吊装

【任务描述】

为了将预制楼板安全、高效地从施工现场临时存放点吊运至指定安装位置,需要使用吊机按照一定的流程完成预制楼板的安装。本任务具体要求如表 2-5 所示。

表 2-5 工作任务表

任务清单
1. 阐述预制楼板吊装施工工艺;
2. 掌握预制楼板吊装操作流程;
3. 熟悉预制楼板吊装的质量控制要求及措施。

【任务分组】

请完成本任务分组,并将分组情况填入表 2-6。

表 2-6 工作分组表

工作分组					
班级		组号		指导老师	
组长		学号			
组员	序号	姓名	学号	任务分工	

【工作准备】

(1) 阅读工作任务表,完成学习分组,仔细阅读本任务相关资料。

(2) 收集《预制带肋底板混凝土叠合楼板技术规程》(JGJ/T 258—2011)、《桁架钢筋混凝土叠合板(60mm 厚底板)》(15G366-1)、《装配式混凝土建筑技术标准》(GB/T 51231—2016)、《装配式混凝土结构技术规程》(JGJ 1—2014)等规范和图集,完成本任务。

(3) 分析楼板在吊装过程中的操作方法和技术要点。

【工作实施】

根据要求,完成表 2-7 中的工作任务。

表 2-7　工作实施表

序号	引 导 问 题	你 的 回 答
1	预制楼板吊装前,应检查哪些内容?	
2	预制楼板在未进行连接处浇筑施工前,需要进行临时支撑固定。应该如何控制临时支撑的位置和高度?	
3	预制楼板吊装时,应该注意哪些问题?	
4	预制楼板安装落位后,如发现位置存在偏差,则应该如何调整?	
5	应该如何处理预制楼板间的接缝?	

【思考题】

预制楼板分为叠合板和全预制楼板,在进行这两种构件吊装时,有何区别?

【任务考核/评价】

教师根据学生工作过程与工作结果进行评价,并将评价结果填入表 2-8。

表 2-8　任务考核评价表

班级:		姓名:　　　　　学号:　　　　　　所在组:			
所在项目		项目 2.1　预制混凝土构件吊装施工			
工作任务		任务 2.1.2　预制楼板吊装			
评价项目		评 价 标 准		分值	得分
任务考核（80%）	预制楼板吊装前检查	内容是否完整、准确		20	
	预制楼板临时支撑位置和高度控制	控制内容准确,符合施工要求		20	
	预制楼板的吊装要点	内容是否准确、合理		10	
	预制楼板安装落位偏的调整方法	内容是否准确、合理		10	
	预制楼板间的接缝处理	接缝的处理方式描述是否完整,是否熟悉其质量要求		20	

续表

评价项目		评 价 标 准	分值	得分
过程表现（20%）	任务参与度	积极参与工作中的各项内容	5	
	工作态度	态度端正，工作认真、主动	5	
	团队协作	能与小组成员合作交流、协调配合	5	
	职业素质	能够做到遵纪守法、安全生产、爱护公共设施、保护环境	5	
合　计			100	

【相关知识】

1. 预制楼板安装施工流程

安装放线→搭设板底独立支撑→吊装预制板→预制板就位→预制板校正。

微课：预制
叠合板吊装

2. 预制板安装要求

（1）安装构件前，应编制合理的支撑方案，支撑架体宜采用可调工具式支撑体系，架体必须有足够的强度、刚度和稳定性。

（2）板底支撑间距不应大于 2m，每根支撑之间高差不应大于 2mm，标高偏差不应大于 3mm，悬挑板外端比内端支撑宜调高 2mm。

（3）安装预制楼板前，应复制预制板构件端部和侧边的控制线及支撑搭设情况是否满足要求。

（4）安装预制楼板时，应通过微调垂直支撑来控制水平标高。

（5）安装预制楼板时，应保证水电预埋管位置准确。

（6）应按预制叠合楼板吊装顺序依次铺开，不宜间隔吊装，在浇筑混凝土前，应校正预制构件的外露钢筋，外伸预留钢筋伸入支座时，预留筋不得弯折。

（7）施工集中荷载或受力较大部位应避开拼接位置。

（8）预制楼板吊至梁、墙上方 30～50cm 后，应调整板位置使板锚固筋与梁箍筋错开，根据梁、墙上已放出的板边和板端控制线，准确就位，偏差不得大于 2mm，累计误差不得大于 5mm。板就位后，调节支撑立杆，确保所有立杆全部受力，其过程如图 2-17～图 2-20 所示。

图 2-17　吊装预制楼板

图 2-18　预制楼板落位

图 2-19　预制楼板摘钩

图 2-20　预制楼板安装完成

3. 主要安装工艺

（1）搭设板底支撑架。预制叠合板支撑架应具有足够的承载能力、刚度和稳定性，应能可靠地承受混凝土构件的自重、施工荷载及风荷载，支撑立杆下方应铺50mm厚木板；顶撑上架设方木，并调节方木至设计标高，预制楼板临时支撑布置及调节分别如图2-21和图2-22所示。

图2-21　预制楼板临时支撑布置

图2-22　预制楼板临时支撑调节

（2）预制楼板吊装就位。预制楼板采用专用吊架进行吊装。在预制叠合板吊装过程中，在作业层上空500mm处缓慢降落，由操作人员根据板缝定位线，引导楼板降落至独立支撑上，并及时检查楼板的位置尺寸是否符合设计要求，预制楼板吊装及安装校准分别如图2-23和图2-24所示。

（3）预制楼板校正定位。预制楼板通过调节竖向独立支撑，确保叠合板满足设计标高要求，通过撬棍调节预制楼板水平位移，确保叠合板满足设计图纸水平分布要求，如图2-25所示。

图 2-23　预制楼板吊装

图 2-24　预制楼板安装校准

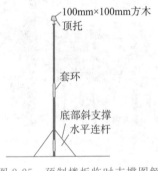

图 2-25　预制楼板临时支撑图解

任务 2.1.3　预制柱、梁吊装

【任务描述】

对预制柱、梁的使用是实现建筑全装配化施工的关键环节。本任务的目标如表 2-9 所示。

表 2-9　工作任务表

任务清单
1. 阐述预制柱、梁吊装的施工工艺；
2. 掌握预制柱、梁吊装的操作流程；
3. 熟悉预制柱、梁吊装的质量控制要求及措施。

【任务分组】

请完成本任务分组，并将分组情况填入表 2-10。

表 2-10　工作分组表

工作分组					
班级		组号		指导老师	
组长		学号			
组员		序号	姓名	学号	任务分工

【工作准备】

（1）阅读工作任务表，完成学习分组，仔细阅读本任务相关资料。

（2）收集《预制混凝土剪力墙内墙板》(15G365-2)、《装配式混凝土结构表示方法及示例(剪力墙结构)》(15G107-1)、《装配式混凝土建筑技术标准》(GB/T 51231—2016)、《装配式混凝土结构技术规程》(JGJ 1—2014)等规范和图集，完成本任务。

（3）分析预制柱、预制梁的结构形式和起吊要求。

【工作实施】

根据要求，完成表 2-11 中的工作任务。

表 2-11　工作实施表

序号	引 导 问 题	你的回答
1	预制梁安装时，如何确定其位置和标高？	
2	预制梁在未进行现浇连接之前，如何进行临时支撑？	

续表

序号	引 导 问 题	你的回答
3	预制梁在安装时,当位置出现偏差时,如何进行调整?	
4	预制柱安装时,如何确定其位置和标高?	
5	根据预制柱的受力及连接特点,分析吊装预制柱时,应注意哪些要点?	
6	预制柱安装时,当位置出现偏差时,如何矫正?	

【思考题】

预制梁分为全预制梁和预制叠合梁,吊装这两种预制梁的过程有何区别?

【任务考核/评价】

教师根据学生工作过程与工作结果进行评价,并将评价结果填入表 2-12。

表 2-12　任务考核评价表

班级:　　　　　姓名:　　　　　学号:　　　　　所在组:

所在项目		项目 2.1　预制混凝土构件吊装施工		
工作任务		任务 2.1.3　预制柱、梁吊装		
评价项目		评 价 标 准	分值	得分
任务考核 (80%)	预制梁位置和标高的确定方式	梁的位置和标高的确定方式选择是否正确	20	
	预制梁临时支撑	预制梁的临时支撑选择是否正确	10	
	预制梁位置偏差的调整	出现偏差时的调整方式是否正确,调整完后偏差是否符合规范要求	10	
	预制柱安装位置和标高	预制柱位置和标高是否符合规范要求	20	
	吊装预时制柱的注意要点	预制柱安装时的要点是否注意	10	
	预制柱安装位置偏差的纠正方法	预制柱位置偏差调整方式是否正确,调整完后偏差是否符合规范要求	10	

续表

评价项目		评 价 标 准	分值	得分
过程表现 （20%）	任务参与度	积极参与工作中的各项内容	5	
	工作态度	态度端正，工作认真、主动	5	
	团队协作	能与小组成员合作交流、协调配合	5	
	职业素质	能够做到遵纪守法、安全生产、爱护公共设施、保护环境	5	
合　计			100	

【相关知识】

1. 预制柱安装

1）施工流程

标高找平→竖向预留钢筋校正→预制柱吊装→柱安装及校正。

2）预制柱安装要求

微课：预制柱
吊装

（1）安装预制柱前，应校核轴线、标高及连接钢筋的数量、规格、位置，如图 2-26 所示。

图 2-26　预制柱连接处设计

（2）预制柱安装就位后，应在两个方向采用可调斜撑作临时固定，并调整垂直度，在柱子四角缝隙处加塞垫片。

3）主要安装工艺

（1）标高找平。在预制柱安装施工前，通过激光扫平仪和钢尺检查楼板面平整度，用铁制垫片调整楼层平整度直至允许范围内。

（2）竖向预留钢筋校正。根据定位控制线，采用钢筋限位框，对预留插筋进行位置复核，对有弯折预留插筋采用钢筋校正器进行校正，以确保预制柱连接的质量。

（3）预制柱吊装。预制柱吊装采用慢起、快升、缓放的操作方式。塔式起重机缓缓持力，将预制柱吊离存放架，然后快速运至预制柱安装施工层。在预制柱安装就位前，应清理柱安装部位基层,安装完成后如图 2-27 所示。

图 2-27　预制柱安装完成

（4）预制柱安装就校正。起重机将预制柱下落至设计安装位置,下一层预制柱的竖向预留钢筋与预制柱底部的套筒全部连接,吊装就位后,立即通过加设不少于 2 根的斜支撑临时固定预制柱,斜支撑与楼面的水平夹角不应小于 60°,如图 2-28～图 2-31 所示。

图 2-28　吊装预制柱

图 2-29　调整预制柱位置

图 2-30　预制柱对位安装

图 2-31　预制柱灌浆连接

2. 预制梁吊装

1）施工流程

按图放线→设置梁底支撑→预制梁起吊→预制梁就位微调→接头连接。

2）预制梁安装要求

（1）梁吊装顺序应遵循先主梁后次梁、先低后高的原则。

（2）预制梁安装就位后，应对水平度、安装位置、标高进行检查。根据控制线对梁端和两端进行精密调整，将误差控制在2mm以内。

（3）安装预制梁时，主梁和次梁伸入支座的长度与搁置长度应符合设计要求。

（4）预制梁内的键槽应在预制楼板安装完成后，采用不低于预制梁混凝土强度等级的材料填实。

（5）吊装梁前，先在柱核心区内安装一道柱箍筋，梁就位后，再安装两道柱箍筋，之后才能吊装梁、墙，否则无法保证柱核心区质量。

（6）吊装梁前，应将所有梁底标高进行统计，有交叉部分的梁吊装方案应根据先低后高的原则安排施工。

3）主要安装工艺

（1）搭设支撑架。梁底支撑采用钢立杆支撑＋可调顶托，上部铺设方木，可以通过支撑体系的顶丝来调节梁底标高；临时支撑位置应符合设计要求。当设计无要求时，长度小于或等于4m时，应设置不少于2道垂直支撑；长度大于4m时，应设置不少于3道垂直支撑，如图2-32和图2-33所示。

图2-32　预制梁临时支撑架

（2）预制梁吊装。预制梁一般用两点起吊，预制梁两个吊点分别位于梁顶两侧距离两侧0.2L（L为梁的净跨长度）（梁长）位置，由生产构件厂家预留。

① 叠合梁安装前准备：将相应叠合梁下的墙体梁窝除钢筋调整到位，适于叠合梁外露钢筋的安放。

② 吊装安放：先将叠合梁一侧吊点降低穿入支座中再放置另一侧吊点，然后支设底部支撑。

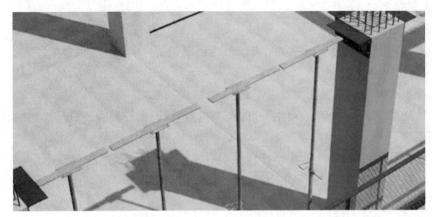

图 2-33　预制梁临时支撑调整

③ 根据剪力墙上弹出的标高控制线校核叠合梁标高位置,利用支撑可调节功能进行调节,当标高符合要求后,叠合梁两头用焊接固定,然后摘掉叠合梁挂钩。

④ 叠合梁分为两种形式,封闭箍筋与开口箍筋。对于封闭箍筋,叠合梁安装完成后进行上部现浇层穿筋,直接将上部钢筋穿入箍筋并绑扎即可。对于开口箍筋,将叠合梁安装完毕后,先穿入上层主筋,再将箍筋用专用工具进行封闭,然后将主筋与箍筋进行绑扎固定,如图 2-34 所示。

(3) 预制梁微调定位。当预制梁构件初步就位后,两侧借助柱上的梁定位线将梁精确校正。梁的标高通过支撑体系的顶丝来调节。调节时,需将下部可调支撑上紧,这时方可松去吊钩,如图 2-35 所示。

图 2-34　预制梁吊装施工

图 2-35　预制梁位置调整

任务 2.1.4　预制楼梯吊装

【任务描述】

预制楼梯构件是装配式混凝土建筑体系中最适合进行预制化生产和装配化施工的构件之一。本任务介绍预制楼梯吊装的一般步骤,具体如表 2-13 所示。

表 2-13 工作任务表

任务清单
1. 阐述预制楼梯吊装的施工工艺;   2. 掌握预制楼梯吊装的操作流程;   3. 熟悉预制楼梯吊装的质量控制要求及措施。

【任务分组】

请完成本任务分组,并将分组情况填入表 2-14。

表 2-14 工作分组表

工作分组					
班级		组号		指导老师	
组长		学号			
组员	序号	姓名	学号	任务分工	

【工作准备】

(1) 阅读工作任务表,完成学习分组,仔细阅读本任务相关资料。

(2) 收集《预制钢筋混凝土板式楼梯》(15G367-1)、《装配式混凝土结构技术规程》(JGJ 1—2014)、《混凝土结构施工钢筋排布规则与构造详图(独立基础、条形基础、筏形基础、桩基础)》(18G901-3)等规范和图集,完成本任务。

(3) 分析预制楼梯在吊装过程中的操作方法和技术要点。

【工作实施】

根据要求,完成表 2-15 中的工作任务。

表 2-15 工作实施表

序号	引导问题	你的回答
1	在吊运预制混凝土楼梯构件前,应先检查其质量。请简述应检查的内容。	
2	预制楼梯通过第一级和最后一级踏步板上的插销进行连接。在连接前,连接处的结合面应做哪些处理?钢筋应做哪些处理?	

序号	引 导 问 题	你的回答
3	如何控制预制楼梯吊装的位置和标高？	
4	楼梯连接处对砂浆配比及铺设质量有何要求？	
5	楼梯吊运过程中是否需要试吊？如何进行？在吊运操作上有何要求？	
6	吊装落位后，如何检查其安装位置是否正确？发现预制楼梯位置出现偏差时，应当如何调整？	
7	如何进行预制楼梯连接处的灌浆和封堵？	
8	安装完成后，预制楼梯有无保护措施？请简述。	

【思考题】

如何快速、正确地将预制楼梯构件安装到位？

【任务考核/评价】

教师根据学生工作过程与工作结果进行评价，并将评价结果填入表 2-16。

表 2-16 任务考核评价表

班级:		姓名:	学号:	所在组:		
所在项目	项目 2.1 预制混凝土构件吊装施工					
工作任务	任务 2.1.4 预制楼梯吊装					
评价项目	评价标准				分值	得分
任务考核 （80%）	预制混凝土楼梯构件吊运前检查内容		检查内容是否完整,操作是否正确		10	
	预制楼梯连接处的结合面处理、钢筋处理		结合面及钢筋处理方式是否得当		10	
	预制楼梯吊装的位置和标高控制		预制楼梯位置及标高控制方式是否正确,误差是否符合规范标准		10	
	楼梯连接处的砂浆配比及铺设质量要求		砂浆配比及铺设质量要求是否达标		10	
	楼梯吊运要求		描述内容是否正确、完善		10	
	吊装位置检查及调整		检查内容是否完善,调整方式是否正确		10	
	预制楼梯连接处的灌浆和封堵		灌浆封堵操作是否正确		10	
	预制楼梯保护措施		所采取的保护措施是否得当		10	
过程表现 （20%）	任务参与度		积极参与工作中的各项内容		5	
	工作态度		态度端正,工作认真、主动		5	
	团队协作		能与小组成员合作交流、协调配合		5	
	职业素质		能够做到遵纪守法、安全生产、爱护公共设施、保护环境		5	
	合 计				100	

【相关知识】

下面介绍安装预制楼梯的相关知识。

1. 施工流程

放线→垫片及坐浆料施工→吊装预制楼梯→校正预制楼梯→固定预制楼梯。

微课:预制
楼梯吊装

2. 预制楼梯安装要求

（1）在安装预制楼梯前,需要符合楼梯的控制线及标高,做好安装就位点。

（2）预制楼梯支撑应有足够的承载力、刚度及稳定性,楼梯就位后,调节支撑立杆,确保所有立杆全部受力。

（3）预制楼梯吊装应保证上、下高差相符,顶面和地面平行,便于安装。

（4）预制楼梯安装就位后,一般采用预制锚固钢筋方式或预埋件焊接或螺栓杆连接方式进行安装。前者一般先放置预制楼梯,在现浇梁或板浇筑连接成整体;后者先施工浇筑梁或板,再搁置预制楼梯进行焊接或螺栓孔灌浆连接,如图 2-36 和图 2-37 所示。

图 2-36　预制楼梯吊点

图 2-37　预制楼梯连接孔设计

3. 主要安装工艺——楼梯吊装

预制楼梯一般采用四点起吊,使休息平台处于水平位置,试吊预制楼梯板,检查吊点位置是否准确,吊索受力是否均匀,试起吊高度不应超过 1m。

预制楼梯吊至梁上方 300～500mm 后,需施工人员牵引预制构件到相应位置,将预制楼梯构件放置在楼梯控制线中,将构件根据控制线精确就位,如图 2-38 所示。

4. 其他构件的安装

1) 预制阳台板安装要求

(1) 预制阳台板安装前,测量人员根据阳台板宽度放出竖向独立支撑定位线,并安装独立支撑,同时在预制叠合板上放置阳台板控制线。

(2) 当预制阳台板吊装至作业面上空 500mm 时,减缓降落,由专业操作工人稳住预制阳台板,根据叠合板上的控制线引导预制阳台板降落至独立支撑上,根据预制墙体上的水平控制线及预制叠合板上的控制线,校核预制阳台板水平位置及竖向标高情况,通过调节竖向独立支撑,确保预制阳台板满足设计标高要求;可以通过撬棍调节预制阳台板水平位移,确保预制阳台板满足设计图纸水平分布要求。

(3) 预制阳台板定位完成后,将阳台板钢筋与叠合板钢筋可靠连接固定,预制构件固

图 2-38 预制楼梯吊运安装

定完成后,方可摘除吊钩。

（4）如同一构件上的吊点高低不同,则起吊后调平,落位后采用拉链紧密调整标高,如图 2-39 所示。

图 2-39 安装预制阳台板

2）预制空调板安装要求

（1）吊装预制空调板时,板底应采用临时支撑措施,如图 2-40 所示。

（2）连接预制空调板与现浇结构时,预制锚固钢筋应伸入现浇结构部分,并应与现浇结构连成整体。

图 2-40 预制空调板安装

（3）预制空调板采用插入式吊装方式时，应在连接位置设预埋连接件，并应与预制外挂板的预埋连接件连接，空调板与外板交接的四周防水槽口应嵌填防水密封胶。

【项目考核/评价】

（1）请根据项目完成情况完成学习自我评价，将评价结果填入表 2-17。

表 2-17　学习成果自评表

班级：　　　　　姓名：　　　　　学号：　　　　　所在组：

所在项目	项目 2.1　预制混凝土构件吊装施工	
评 价 项 目	分值	得分
学习内容掌握程度	30	
工作贡献度	20	
课堂表现	20	
成果质量	30	
合　计	100	

（2）学习小组成员根据工作任务开展过程及结果进行互评，并将评价结果填入表 2-18。

表 2-18　学习小组互评表

所在项目		项目 2.1　预制混凝土构件吊装施工							
组号									
评价项目	分值	等　　　级				评价对象（序号）				
						组长	1	2	3	4	5
工作贡献	20	优(20)	良(16)	中(12)	差(8)						
工作质量	20	优(20)	良(16)	中(12)	差(8)						
工作态度	20	优(20)	良(16)	中(12)	差(8)						
工作规范	20	优(20)	良(16)	中(12)	差(8)						
团队合作	20	优(20)	良(16)	中(12)	差(8)						
合　计	100										

（3）教师根据学生工作过程与工作结果进行评价，并将评价结果填入表 2-19。

表 2-19　教师综合评价表

班级：　　　　　姓名：　　　　　学号：　　　　　所在组：

所在项目		项目 2.1　预制混凝土构件吊装施工		
评价项目		评 价 标 准	分值	得分
考勤（10%）		无无故迟到、早退、旷课现象	10	
工作过程（70%）	任务 2.1.1	任务成果表现及过程表现	10	
	任务 2.1.2	任务成果表现及过程表现	10	
	任务 2.1.3	任务成果表现及过程表现	10	
	任务 2.1.4	任务成果表现及过程表现	10	

续表

评价项目	评 价 标 准		分值	得分
工作过程 (70%)	任务参与度	积极参与工作中的各项内容	10	
	工作态度	态度端正,工作认真、主动	10	
	团队协作	能与小组成员合作交流,协调配合	5	
	职业素质	能够做到遵纪守法,安全生产,爱护公共设施,保护环境	5	
项目成果 (20%)	工作完整	能按时完成任务	5	
	工作规范	能按规范开展工作任务	5	
	内容正确	工作内容的准确率	5	
	成果效果	工作成果的合理性、完整性等	5	
合 计			100	
综合评价	自评(20%)	小组互评(30%)	教师评价(50%)	综合得分

项目 2.2 预制混凝土构件灌浆施工

项目介绍

本项目主要介绍预制混凝土灌浆套筒连接分类、连接材料和技术要求。通过学习本项目,学生能够掌握装配式建筑 PC 构件的套筒灌浆连接技术。

学习目标

知识目标

(1) 了解预制混凝土灌浆套筒连接技术的产生背景和分类。

(2) 熟悉预制混凝土灌浆套筒连接技术的各种材料要求。

(3) 掌握预制混凝土灌浆套筒连接的施工工艺。

技能目标

能够掌握预制混凝土灌浆套筒连接的施工工艺。

素质目标

通过规范灌浆作业,树立严谨的工作作风。

案例引入

灌浆套筒钢筋接头技术由美籍华裔科学家余占疏在 20 世纪 60 年代发明。1973 年他在国外用该技术建设了 140m 高的全预制装配式酒店,因此获选国外工程院院士,被新加坡国家建屋发展局聘为技术总顾问。后来该专利技术和套筒工厂被日本企业以重金收购,从此垄断全球,在加拿大、日本、澳大利亚、欧洲、新加坡等地得到普及。该技术在新加坡、欧洲的框架结构和剪力墙结构均有成熟应用。由于日本没有剪力墙结构,因此只有 PC 框架领域的应用案例,是目前主流的钢筋连接技术,欧洲大量多层建筑中的剪力墙也采用了该技术。可以说,经过 60 年的发展,灌浆套筒钢筋接头技术已经是全世界公认的 PC 构件之间连接最有价值的技术。

任务 2.2.1 预制构件灌浆施工前准备

【任务描述】

预制构件之间的连接通过灌浆套筒和套筒中的灌浆料实现。灌浆施工是预制构件安装施工过程中的关键环节,本任务介绍了预制构件的灌浆施工流程,具体任务如表 2-20 所示。

表 2-20 工作任务表

任务清单
1. 了解预制构件灌浆施工的意义;
2. 理解预制构件灌浆施工的原理;
3. 熟悉灌浆施工的所用材料及工具。

【任务分组】

请完成本任务分组,并将分组情况填入表 2-21。

表 2-21 工作分组表

工作分组					
班级		组号		指导老师	
组长		学号			
组员	序号	姓名		学号	任务分工

【工作准备】

(1) 阅读工作任务表,完成学习分组,仔细阅读本任务相关资料。

(2) 收集文献资源,结合《装配式混凝土结构表示方法及示例(剪力墙结构)》(15G107-1)、《装配式混凝土结构连接节点构造楼盖结构和楼梯》(15G310-1)等规范和图集,完成本任务。

(3) 分析预制构件灌浆施工的意义。

【工作实施】

根据要求,完成表 2-22 中的工作任务。

表 2-22 工作实施表

序号	引导问题	你的回答
1	预制构件之间如何实现有效连接?	
2	预制构件中有哪些用于灌浆连接的设计及埋件?	
3	钢筋套筒灌浆连接的原理是什么?根据连接特点,可以将其分为哪些类别?	
4	灌浆连接用到哪些材料?分别有什么质量要求?	
5	灌浆施工使用哪些设备?分别有什么作用?	

【思考题】

1. 除了灌浆连接,预制构件还有哪些连接方式?

2. 相较于其他连接方式,预制构件的套筒灌浆连接有何优点?

【任务考核/评价】

教师根据学生工作过程与工作结果进行评价,并将评价结果填入表 2-23。

表 2-23　任务考核评价表

班级：		姓名：		学号：		所在组：		
所在项目	项目 2.2　预制混凝土构件灌浆施工							
工作任务	任务 2.2.1　预制构件灌浆施工前准备							
评价项目	评 价 标 准						分值	得分
任务考核（80%）	对预制构件灌浆连接原理的理解		能够正确理解套筒灌浆连接的原理，描述准确				10	
	对预制构件灌浆连接的设计及埋件的认识		对灌浆连接设计和相应埋件的认识准确，解释完整				10	
	钢筋套筒灌浆连接的原理		能够了解套筒的工作原理，并了解不同套筒的工作原理				20	
	灌浆连接施工所用材料及质量要求		熟悉灌浆连接施工所用材料及其对应的质量要求				20	
	对灌浆施工所使用设备的认识		了解预制构件灌浆施工所使用的设备，并熟悉其对应的功能				20	
过程表现（20%）	任务参与度		积极参与工作中的各项内容				5	
	工作态度		态度端正，工作认真、主动				5	
	团队协作		能与小组成员合作交流、协调配合				5	
	职业素质		能够做到遵纪守法、安全生产、爱护公共设施、保护环境				5	
合　计							100	

【相关知识】

1. 灌浆作业分类

预制构件的连接种类主要有套筒灌浆连接、直螺纹套筒连接、钢筋浆锚连接、挤压套筒连接和螺栓连接。

2. 连接原理

钢筋灌浆套筒连接：套筒灌浆连接技术通过灌浆料的传力作用将钢筋与套筒连接形成整体，套筒灌浆连接分为全灌浆套筒连接和半灌浆套筒连接，如图 2-41 所示。

微课：预制混凝土构件灌浆施工

图 2-41　灌浆套筒

（1）全灌浆套筒连接。

全灌浆套筒两端均采用灌浆方式连接钢筋，全灌浆连接接头性能达到《钢筋机械连接技术规程》(JGJ 107—2016)规定的Ⅰ级。目前可连接 HRB400 带肋钢筋，其连接钢筋直径范围为 14～40mm，如图 2-42 所示。

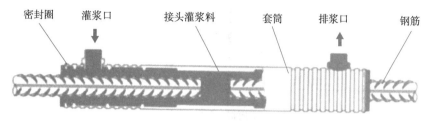

图 2-42　全灌浆套筒连接原理图

全灌浆套筒在构件厂内与钢筋连接时，钢筋应与套筒逐根插入，插入深度应满足设计及相关规范要求，钢筋与全灌浆套筒通过橡胶塞进行临时固定，避免混凝土浇筑、振捣时钢筋与连接钢筋移位，一般全灌浆套筒用于竖向构件（剪力墙、框架柱）及水平构件（预制梁）的连接。

全灌浆套筒和外露钢筋的允许偏差也应符合设计要求，具体要求如表 2-24 所示。

表 2-24　全灌浆套筒和外露钢筋的允许偏差

项　　目		允许偏差/mm	检查方法
灌浆套筒中心位置		+2,0	
外露钢筋	中心位置	+2,0	尺量
	外露长度	+10,0	

（2）半灌浆套筒。

半灌浆套筒一端采用灌浆方式连接，另一端采用螺纹连接的灌浆套筒，一般用于预制墙、柱主筋连接。其连接原理图如图 2-43 所示。

半灌浆套筒可连接 HRB400 和 HRB500 级直径为 12～40mm 的钢筋。机械连接段的钢筋丝头加工、连接安装、质量检查应符合现行行业标准《钢筋机械连接技术规程》(JGJ 107—2016)的有关规定。

由于半灌浆套筒连接有很多优点，所以在工程中得到广泛应用，其具体优点如下。

① 外径小，适用于剪力墙、柱。

② 与全灌浆套筒相比，半灌浆套筒长度能显著缩短（约 1/31），现场灌浆工作量减半，灌浆高度降低，能降低对构件接缝处密封的难度。

③ 工程预制时钢套筒与钢筋的安装固定也比全灌

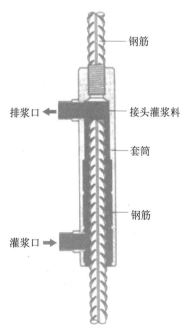

图 2-43　半灌浆套筒连接原理图

浆套筒容易。

④ 半灌浆套筒适用于竖向构件连接。

半灌浆套筒和外露钢筋的允许偏差也应符合设计要求,具体要求如表 2-25 所示。

表 2-25　半灌浆套筒和外露钢筋的允许偏差

项　目		允许偏差/mm	检查方法
灌浆套筒中心位置		+2,0	尺量
外露钢筋	中心位置	+2,0	
	外露长度	+10,0	

(3)下面比较全灌浆套筒与半灌浆套筒。

① 其尺寸比较如表 2-26 所示。

表 2-26　套筒尺寸允许误差表

序号	项　目	套筒尺寸偏差					
		铸造套筒			机械加工套筒		
1	钢筋直径/mm	12~20	22~32	36~40	12~20	22~32	36~40
2	外径允许偏差/mm	±0.8	±1.0	±1.5	±0.4	±0.5	±0.8
3	壁厚允许偏差/mm	±0.8	±1.0	±1.2	±0.5	±0.6	±0.8
4	长度允许偏差/mm	±(0.01×L)			±2.0		
5	锚固段环形突起部分的内径允许偏差/mm	±1.5			±1.0		
6	锚固段环形突起部分的内径最小尺寸与钢筋公称直径差值/mm	≥10			≥10		
7	直螺纹精度	—			《普通螺纹 公差》(GB/T 197—2018)中 6H 级		

② 其优缺点比较如表 2-27 所示。

表 2-27　套筒形式优缺点对比表

项　目	全灌浆套筒	半灌浆套筒
外形尺寸(外径×长度)	外径较大,尤其对双排钢筋 H 值影响大,进行结构设计时,需要考虑构件承载力;长度长,构件箍筋加密区长,箍筋量多	外径小,特别有利于加大双排钢筋 H 值;长度短,约为全灌浆的 57%,构件箍筋加密区短
材质	球墨铸铁,塑性差,抗冲击能力弱,为避免铸造缺陷隐患,生产质量控制要求高	采用优质碳素结构钢,材料性能稳定,韧性好,机械切削加工材料,金属组织无改变,机械性能稳定,容易控制材料质量
生产方式	铸造成型,尺寸偏差较大;一次成型,制造成本较低	机械切削,尺寸精度高,加工工序较多

(4)灌浆连接技术。

钢筋套筒灌浆连接接头的主体由钢筋、连接套筒、接头灌浆料组成。为实现钢筋灌浆连接,其生产作业过程中还需配有相关的加工设备和各类配套辅件。预制剪力墙与梁的套筒连接图解及预制柱的套筒连接构造图解分别如图 2-44 和图 2-45 所示。

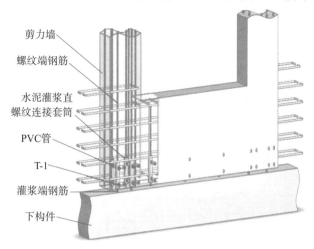

剪力墙
螺纹端钢筋
水泥灌浆直螺纹连接套筒
PVC管
T-1
灌浆端钢筋
下构件

图 2-44　预制剪力墙与梁的套筒连接图解

① 所用材料及工具。钢筋连接用套筒灌浆料是以水泥为基本材料,配以细骨料,以及混凝土外加剂和其他材料组成的干混料。灌浆料材料通常包括高强水泥、级配骨料、减水剂、消泡剂、膨胀剂等外加剂,以保证其加水搅拌后具有规定的流动性、早强、高强、微膨胀等性能。钢筋连接用套筒灌浆料的设计、生产和使用应符合国家行业标准《钢筋连接用套筒灌浆料》(JG/T 408—2019)的有关规定,如图 2-46 所示。

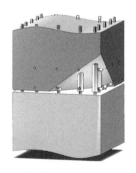

图 2-45　预制柱的套筒连接构造图解

图 2-46　灌浆材料

② 灌浆设备与工具包括灌浆料称量检验工具、灌浆设备,如表 2-28 及图 2-47、图 2-48所示。

表 2-28　灌浆料称量检验工具

工作项目	工具名称	规　格　参　数	照　　片
流动度检测	圆截锥试模	上口×下口×高 $\phi 70\text{mm} \times \phi 100\text{mm} \times 60\text{mm}$	

工作项目	工具名称	规 格 参 数	照　片
流动度检测	钢化玻璃板	长×宽×高(500mm×500mm×6mm)	
抗压强度检测	试块试模	长×宽×高(40mm×40mm×160mm)三联	
施工环境及材料的温度检测	测温计		
灌浆料、拌合水称重	电子秤	30～50kg	
拌合水计量	量杯	3L	
灌浆料拌合容器	平底金属桶(最好为不锈钢制)	φ300×H400、30L	
灌浆料拌合工具	电动搅拌机	功率:1200～1400W; 转速:0～800r/min可调; 电压:单相220V/50Hz; 搅拌头:"飞刀式"搅头、"螺旋式"搅头	

图 2-47　灌浆泵

推压式灌浆枪　　按压式灌浆枪

图 2-48　手动灌浆设备

电动设备具有以下优点:流量稳定,快速慢速可调,适合泵送不同黏度的灌浆料。故障率低,泵送可靠,可设定泵送极限压力。使用后,需要认真清洗,防止浆料固结堵塞设备。

手动灌浆设备具有以下优点:适用于单仓套筒灌浆、制作灌浆接头,以及水平缝联通腔不超过 30cm 的少量接头灌浆、补浆施工。

③ 下面介绍灌浆连接技术中涉及的其他辅件。灌浆出浆管是套筒灌浆接头与构件外表面连通的通道,需要保证生产中灌浆出浆管与灌浆套筒连接处连接牢固,且可靠密封,管路全长内管路内截面圆形饱满,保证灌浆通路顺畅,如图 2-49 和图 2-50 所示。

图 2-49　灌浆管道

图 2-50　常用的灌浆出浆管材料

固定组件是装配式混凝土结构预制构件生产的专用部件,使用该组件,可以将灌浆套筒与预制构件的模板进行连接和固定,并将灌浆套筒的灌浆腔口密封,防止预制构件在浇筑、振捣混凝土时水泥浆浸入套筒内,销轴固定式固定件如图 2-51 所示。

灌浆出浆管专用密封堵头是密封硬质灌浆管、出浆管专用密封件,主要用于灌浆套筒PVC 硬质管材的端口密封,如图 2-52 所示。

构件连通腔分仓工具用于构件水平缝连通腔后分仓和周圈封缝料填塞时分隔与支撑

图 2-51　销轴固定式固定件

封缝料或座浆料,并使密封料压紧密实,适用于单仓套筒灌浆、制作灌浆接头,以及水平缝联通腔不超过 30cm 的少量接头灌浆、补浆施工,如图 2-53～图 2-55 所示。

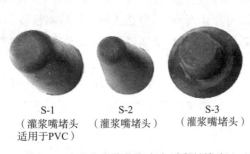

S-1
(灌浆嘴堵头
适用于PVC)

S-2
(灌浆嘴堵头)

S-3
(灌浆嘴堵头)

图 2-52　灌浆出浆管配套专用密封堵头

图 2-53　灌浆管

图 2-54　橡胶封条图

图 2-55　构件连通腔分仓材料

任务 2.2.2　预制构件灌浆施工

【任务描述】

　　套筒灌浆连接是装配式混凝土建筑构件之间的重要连接方式之一。其原理是通过灌浆料与套筒之间的黏结力、摩擦力来实现构件之间的连接固定。预制构件的套筒灌浆施工是保证装配式混凝土建筑质量的重要工序之一,灌浆质量的好坏将直接影响装配式建筑的结构稳定性。灌浆质量不达标,甚至会造成非常严重的工程质量或安全事故。因此,必须保证预制构件灌浆施工的质量。本任务的主要内容如表 2-29 所示。

表 2-29 工作任务表

任务清单
1. 了解套预制构件筒灌浆施工的设计理念； 2. 了解装配式混凝土构件套筒灌浆施工的主要流程； 3. 掌握预制墙板类构件的套筒灌浆施工工艺； 4. 掌握灌浆料的配比计算方法和质量检查方式； 5. 了解检查灌浆质量的方法。

【任务分组】

请完成本任务分组,并将分组情况填入表 2-30。

表 2-30 工作分组表

工作分组					
班级		组号		指导老师	
组长		学号			
组员	序号	姓名		学号	任务分工

【工作准备】

（1）阅读工作任务书,完成学习分组,仔细阅读本任务相关资料。

（2）收集文献资源,结合《装配式混凝土结构表示方法及示例（剪力墙结构）》(15G107-1)、《装配式混凝土结构连接节点构造（楼盖和楼梯）》(15G310-1)等规范和图集,完成本任务。

（3）熟悉套筒灌浆施工的构造设计。

（4）熟悉灌浆料的性质。

【工作实施】

根据要求,完成表 2-31 中的工作任务。

表 2-31 工作实施表

序号	引导问题	你的回答
1	请根据相关资料,简述套筒灌浆连接的工作原理。	

续表

序号	引导问题	你的回答
2	如何配置灌浆料？	
3	对灌浆料的流动性有何要求？为什么？	
4	如何测量灌浆料的流动性？	
5	采用灌浆泵灌注浆料时，对灌注方式、灌注速度、灌注压力等有何要求？采用手持灌浆设备灌注时，又有何区别？	
6	根据下方二维码计算灌浆料配比。 预制剪力墙外墙板安装	
7	根据灌浆施工流程，完成预制剪力墙灌浆施工流程填空表 2-32 的填写。	

表 2-32　预制剪力墙灌浆施工流程填空表

序号	1. 课前任务:完成实训步骤填空		2. 课堂任务:易错点案例库查找	
	灌浆流程	步骤	操作	操作注意点
1	温度测量	选用工具:是否需要记录至施工记录表 是□ 否□	温度	$t<5℃$ 不能进行灌浆 $5℃<t<30℃$ 可以进行灌浆 $t>30℃$ 加冰进行灌浆
2	灌浆孔处理	选用工具:处理对象:□上方　□下方　灌浆孔	灌浆孔	选择上方的灌浆孔
3	封缝料制作	水:封缝料干料＝ 制作流程:领取原料(　、　)→倒入搅拌器→搅拌(　min)→二次倒入搅拌器(原料　)→二次搅拌(　min)→封缝料倒入不锈钢容器	分仓	两端灌浆孔之间距离大于1500mm,必须分仓,保证灌浆的密实性
4	分仓	选用工具:		
5	封仓	选用工具:	封仓	目的:确保灌浆料不从墙体底部缝隙中溢出
6	灌浆料制作	选用工具: 领取原料(　、　)→倒入搅拌器→搅拌(　min)→二次倒入搅拌器(原料　)→二次搅拌(　min)→灌浆料倒入不锈钢容器→静置(　min) 是否需要记录至施工记录表　是□ 否□	流动度检测	流动度>300mm 才能使用
7	灌浆料检测	选用工具: 放置玻璃→放置流动度测试仪→流动度测试→移除流动度测试仪→尺寸测量		
8	灌浆	选用工具、原料: 灌浆泵连接→倒入灌浆料→灌浆(压力调控□快 □慢)→封堵→保压(压力调控□快□慢　时间　s)→移除灌浆泵→封堵 右侧仓重复灌浆	封堵	待灌浆料从灌浆孔柱状流出时,及时进行封堵
9	工完料清	归还工具、归还原料、清理垃圾		

工具库:温度计、水管、搅拌器、不锈钢容器、抹灰托板、内衬、分仓工具、抹子、流动度测试仪、玻璃板、不锈钢勺子、钢直尺、灌浆泵、胶塞、锤子

【思考题】

1. 采用套筒灌浆连接方式实现预制构件的连接有何优缺点?

2. 应该如何处理未用完的灌浆料?

拓展资料

进行预制构件灌浆施工时,可根据表2-33做施工记录。

表 2-33 装配式建筑灌浆施工记录表

工程名称	构件灌浆	施工部位(构件编号)	
施工日期		封缝体积及封缝料密度	封缝体积:0.001m³ 封缝料密度:2300kg/m³
环境温度	℃	使用灌浆料总量	kg
灌浆料制作记录			
材料密度	2300kg/m³	水料比	水+冰: kg;干料: kg
连接腔体积	m³	流动度	mm
套筒灌浆料	kg/个	静置时间	min
搅拌时间	min	灌浆料总量	kg
灌浆孔、出浆口示意图			

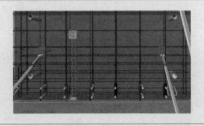

水:封缝料干料= : (质量比)
水:灌浆料干料= : (质量比)
富余量10%

【任务考核/评价】

教师根据学生的工作过程与工作结果进行评价,并将评价结果填入表2-34。

表 2-34 任务考核评价表

班级:	姓名:		学号:		所在组:	
所在项目	项目2.2 预制混凝土构件灌浆施工					
工作任务	任务2.2.2 预制构件灌浆施工					
评价项目		评 价 标 准			分值	得分
任务考核 (80%)	对套筒灌浆施工原理的理解	对套筒灌浆施工原理的阐述理解是否准确			10	
	对灌浆料配比的计算	能否正确计算灌浆料各组分用量			20	
	灌浆料的制作方法	能否按照正确的流程完成灌浆料制作			10	
	灌浆料质量检测方法及标准	是否掌握正确的灌浆料检测方法并按照规范完成灌浆料质量的检测			20	
	套筒灌浆施工流程填空表完成情况	套筒灌浆施工流程填空表填写是否正确			20	

续表

评价项目		评 价 标 准	分值	得分
过程表现 （20%）	任务参与度	积极参与工作中的各项内容	5	
	工作态度	态度端正，工作认真、主动	5	
	团队协作	能与小组成员合作交流、协调配合	5	
	职业素质	能够做到遵纪守法、安全生产、爱护公共设施、保护环境	5	
合　计			100	

【相关知识】

灌浆流程预制构件灌浆施工流程如图 2-56 所示。

1. 分仓与封仓

采用电动灌浆泵灌浆时，一般单仓长度不超过 1.5m。仓体越大，灌浆阻力越大，灌浆压力越大，灌浆时间越长，对封缝的要求越高，灌浆不满的风险越大。

采用手动灌浆枪灌浆时，单仓长度不宜超过 0.3m。

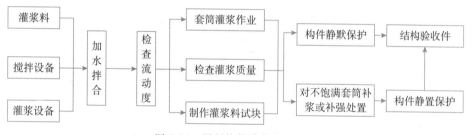

图 2-56　预制构件灌浆施工流程

分仓隔墙宽度不应小于 2cm，为防止遮挡套筒孔口，距离连接钢筋外缘不应小于 4cm。

分仓时，两侧应内衬模板（通常为便于抽出的 PVC 管），将拌好的封堵料填塞，充满模板，保证与上、下构件表面结合密实。然后抽出内衬。

分仓后，在构件相对应位置做出分仓标记，记录分仓时间，便于指导灌浆，如图 2-57 和图 2-58 所示。

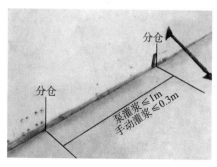

图 2-57　灌浆仓分仓

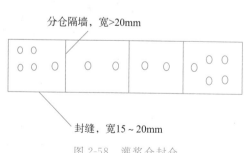

图 2-58　灌浆仓封仓

2. 制作灌浆料

灌浆料与水的拌合应充分、均匀,通常是在搅拌容器内先加水,后加灌浆料干粉料,并在规定的时间范围内,使用产品要求的搅拌设备把浆料拌合均匀,使灌浆料内添加的各种外加剂充分发挥其功能,使灌浆料具备其应有的工作性能。

搅拌灌浆料时,应保证搅拌容器的底部边缘死角处的灌浆干粉与水充分拌合,搅拌时间从开始投料到搅拌结束应不少于5min,搅拌机叶片不得提至浆料液面之上,以免带入空气。搅拌后,灌浆料应在30min内使用完。拌制时,需要按照灌浆料的使用说明进行,严格控制水料比和拌制时间,待搅拌均匀后,需静置2~3min排气,尽量排出搅拌时卷入浆料的气体,以保证最终灌浆料的强度性能,如图2-59所示。

灌浆料流动度是保证灌浆连接施工的关键性能指标,灌浆施工环境的温度、湿度差异会影响灌浆的可操作性。在任何情况下,流动度低于要求值的灌浆料都不能用于灌浆连接施工,以防止因构件灌浆失败而造成事故。

因此,在灌浆施工前,首先应检测流动度,在流动度值满足要求后方可施工。施工中应注意灌浆时间长度短于灌浆料具有规定流动度值的时间长度(可操作时间),如图2-60所示。

 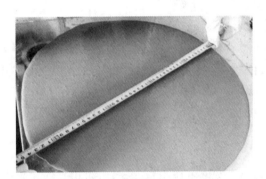

图 2-59　灌浆料制作　　　　　　图 2-60　灌浆料流动性检测

(1) 灌浆料的强度与养护温度:灌浆料是水泥基制品,其抗压强度增长速度受养护环境的温度影响,如图2-61所示。

图 2-61　灌浆料同条件养护试块制作

注意:冬季施工时,需要注意灌浆料强度增长慢,后续工序应在灌浆料满足规定强度值后方可进行;而夏季施工需要注意灌浆料凝固速度加快,必须严格控制灌浆施工时间。灌浆料性能要求见表2-35。

表 2-35　灌浆料性能要求表

检 测 项 目		性 能 指 标
流动度/mm	初始	≥300
	30min	≥260
抗压强度/MPa	1d	≥35
	3d	≥60
	28d	≥85
竖向膨胀率/%	3h	≥0.02
	24h 与 3h 差值	0.02～0.50

（2）灌浆孔出浆孔检查：在正式灌浆前，应逐个检查各接头的灌浆孔和出浆孔内有无影响浆料流动的杂物，确保孔路畅通，如图 2-62 所示。

3. 灌浆

用灌浆泵(枪)从接头下方的灌浆孔处向套筒内压力灌浆。

注意：正常灌浆浆料要在自加水搅拌开始 20～30min 内灌完，以保留一定的应急操作时间。

同一仓只能在一个灌浆孔灌浆，不能同时选择两个以上的孔灌浆。

同一仓应连续灌浆，不得中途停顿。如果因中途停顿而再次灌浆时，应保证已灌入的浆料有足够的流动性，还需要将已经封堵的出浆孔打开，待灌浆料再次流出后逐个封堵出浆孔，如图 2-63 所示。

图 2-62　出浆孔检查

图 2-63　灌浆施工

（1）封堵通用要求如下。

接头灌浆时，待接头上方的排浆孔流出浆料后，及时用专用橡胶塞封堵。灌浆泵(枪)口撤离灌浆孔时，也应立即封堵。

通过水平缝连通腔一次向构件的多个接头灌浆时，应按浆料排出先后依次封堵灌浆排浆孔，封堵时，灌浆泵(枪)应一直保持灌浆压力，直至所有灌排浆孔出浆并封堵牢固后再停止灌浆。如有漏浆，应立即补灌损失的浆料。

在灌浆完成、浆料凝固前，应巡视检查已灌浆的接头，如有漏浆，应及时处理，如图 2-64 所示。

图 2-64 出浆口封堵

（2）接头充盈度检验方法如下。

待灌浆料凝固后，取下灌排浆孔封堵胶塞，孔内凝固的灌浆料上表面应高于排浆孔下缘 5mm 以上，如图 2-65 所示。

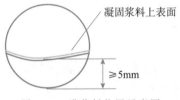

图 2-65 灌浆料位置示意图

（3）灌浆后节点保护（构件扰动和拆支撑模架条件）方法如下。

灌浆后，灌浆料同条件试块强度达到 35MPa 后，方可进入后续施工（扰动）。通常，环境温度在 15℃以上时，24h 内构件不得受扰动；在 5～15℃时，48h 内构件不得受扰动；在 5℃以下时，应视情况而定。如对构件接头部位采取加热保温措施，要保持加热 5℃以上至少 48h，期间构件不得受扰动。拆支撑时，要根据设计荷载情况确定。

【项目考核/评价】

（1）请根据项目完成情况完成学习自我评价，将评价结果填入表 2-36。

表 2-36 学习成果自评表

班级：	姓名：	学号：	所在组：
所在项目	项目 2.2 预制混凝土构件灌浆施工		
评价项目	分值	得分	
学习内容掌握程度	30		
工作贡献度	20		
课堂表现	20		
成果质量	30		
合计	100		

（2）学习小组成员根据工作任务开展过程及结果进行互评，将评价结果填入表 2-37。

表 2-37　学习小组互评表

所在项目		项目 2.2　预制混凝土构件灌浆施工									
组号											
评价项目	分值	等　级				评价对象（序号）					
						组长	1	2	3	4	5
工作贡献	20	优（20）	良（16）	中（12）	差（8）						
工作质量	20	优（20）	良（16）	中（12）	差（8）						
工作态度	20	优（20）	良（16）	中（12）	差（8）						
工作规范	20	优（20）	良（16）	中（12）	差（8）						
团队合作	20	优（20）	良（16）	中（12）	差（8）						
合　计	100										

（3）教师根据学生工作过程与工作结果进行评价，并将评价结果填入表 2-38。

表 2-38　教师综合评价表

班级：		姓名：	学号：	所在组：	
所在项目		项目 2.2　预制混凝土构件灌浆施工			
评价项目		评　价　标　准		分值	得分
考勤（10%）		无无故迟到、早退、旷课现象		10	
工作过程 （50%）	任务 2.2.1 完成情况	任务成果情况及过程表现		15	
	任务 2.2.2 完成情况	任务成果情况及过程表现		15	
	任务参与度	积极参与工作中的各项内容		5	
	工作态度	态度端正，工作认真、主动		5	
	团队协作	能与小组成员合作交流，协调配合		5	
	职业素质	能够做到遵纪守法、安全生产、爱护公共设施、保护环境		5	
项目成果 （40%）	工作完整	能按时完成任务		5	
	工作规范	能按规范开展工作任务		5	
	内容正确	工作内容的准确率		15	
	成果效果	工作成果的合理性、完整性等		15	
合　计				100	
综合评价	自评（20%）	小组互评（30%）	教师评价（50%）	综合得分	

项目 2.3　预制混凝土构件节点施工

项目介绍

　　装配式建筑是将整个建筑拆分成梁、板、柱、墙等构件,各构件的构造节点和连接方式对建筑的抗震要求和安全可靠性起着决定性作用,装配式建筑构件种类繁多,对各类构件、构件与基础的连接要求也将更高。本项目从竖向构件现浇连接和水平构件现浇连接两部分进行介绍。

学习目标

知识目标

(1) 了解混凝土构件节点施工前准备工作的内容。

(2) 熟悉混凝土构件节点施工所需材料和设备。

(3) 掌握混凝土构件节点的施工流程。

(4) 了解混凝土构件节点施工的一般规定及要点。

技能目标

(1) 掌握混凝土构件节点施工的方法和步骤。

(2) 掌握混凝土构件节点施工计划表编制方法。

素质目标

(1) 树立严谨的工作作风。

(2) 培养团队协作能力。

案例引入

　　在预制装配式框架结构中,节点性能的质量关系到建筑整体性能的质量。从预制装配式建筑本身的特点而言,预制构件自身质量可靠,而将这些构件组合成建筑物依靠的是节点,所以节点性能关乎着建筑的整体性能。从预制混凝土构件节点的受力特性来看,各节点不仅受力、传力机理复杂,而且极易发生非延性破坏。故预制混凝土构件节点既是建筑承载受力的关键部位,也是建筑最薄弱的一环,一旦破坏,将引起严重的后果。从国内外预制装配式混凝土结构技术的发展来看,相比现浇结构,预制装配式结构不用在现场支模浇筑,只需现场安装即可。这样既节省了大量模板资源和施工费用,也缩减了施的场地面积。除此之外,现场安装还减少了由支模、浇筑混凝土等施工带来的噪声和环境污染。所有构件在工厂预制可以最大限度地保证构件的质量和建筑安全。其中,保证建筑安全的关键环节就是构件节点的连接,如图2-66所示。哪些是预制混凝土构件节点连接的关键点呢?本任务将会从两方面给大家讲解与现浇连接有关的知识。

图 2-66 装配式混凝土结构节点施工

任务 2.3.1 竖向构件现浇连接

【任务描述】

某停车楼项目为装配式立体停车楼,该楼采用全装配式钢筋混凝土剪力墙梁柱结构体系,预制率 95% 以上,抗震设防烈度为 7 度,结构抗震等级为三级。该工程地上 4 层,地下1 层,预制构件共计 3788 块。其中,水平构件及竖向构件均采用灌浆套筒连接方式。该项目技术员赵某现需要结合之前任务中所吊装完成的竖向构件完成现浇部分构件连接任务,其竖向构件墙板如图 2-67 所示。

图 2-67 竖向构件墙板安装示意图

本任务要求见表 2-39。

表 2-39　工作任务表

任务清单
1. 了解装配式建筑中现浇连接的作用； 2. 了解装配式建筑中现浇连接节点的类型； 3. 掌握典型节点现浇连接施工方法。

【任务分组】

请完成本任务分组，并将分组情况填入表 2-40。

表 2-40　工作分组表

<table>
<tr><td colspan="5" align="center">工作分组</td></tr>
<tr><td>班级</td><td></td><td>组号</td><td>指导老师</td><td></td></tr>
<tr><td>组长</td><td></td><td>学号</td><td colspan="2"></td></tr>
<tr><td rowspan="5">组员</td><td>序号</td><td>姓名</td><td>学号</td><td>任务分工</td></tr>
<tr><td></td><td></td><td></td><td></td></tr>
<tr><td></td><td></td><td></td><td></td></tr>
<tr><td></td><td></td><td></td><td></td></tr>
<tr><td></td><td></td><td></td><td></td></tr>
</table>

【工作准备】

竖向节点现浇连接的工作流程如图 2-68 所示。

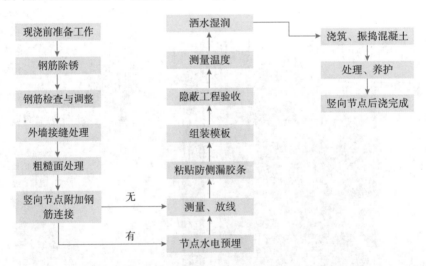

图 2-68　现浇节点连接的工作流程(竖向节点)

以上是现浇竖向节点的施工流程，请想一想哪些是预制混凝土竖向构件节点连接的关键点呢？请你思考这个问题，并通过查阅文献资料、媒体资源、听课、讨论等方式获取相关资料，并完成表 2-41 中的工作。

表 2-41　知识技能确认单

序号	知识点与技能点	你的回答	评价
1	根据预制混凝土构件竖向连接部位的不同,哪些不同的部位种类会涉及节点连接施工?		
2	混凝土构件竖向构件节点的性能应该达到何种地步,才能有效地提升建筑的抗震性?		
3	楼层内相邻预制剪力墙的连接应符合什么规定?		

【工作实施】

　　学生在完成知识学习后,结合其他资源,以小组的形式完成表 2-42 中的任务。此外,现浇连接模块是装配式建筑虚拟仿真实训软件的重要模块之一,其主要工序为施工前准备、钢筋制作、钢筋连接、模板支设、混凝土现浇等,可通过虚拟仿真软件进行操作。

表 2-42　工作实施表

序号	引导问题	你的回答
1	预制构件连接节点和连接接缝部位后浇混凝土施工应符合哪些规定?	
2	楼层内相邻预制剪力墙的连接应符合什么规定?	
3	墙板浇筑混凝土前有哪些准备工作?	

续表

序号	引 导 问 题	你 的 回 答
4	预制外墙板后浇混凝土有哪些施工要求?	
5	请简述"一"字形现浇连接节点的施工流程。	

【思考题】

不同类型节点的现浇连接施工方法有何不同?

【任务考核/评价】

教师根据学生工作过程与工作结果进行评价,并将评价结果填入表 2-43。

表 2-43　任务考核评价表

班级:　　　　姓名:　　　　学号:　　　　所在组:

所在项目	项目 2.3　预制混凝土构件节点施工			
工作任务	任务 2.3.1　竖向构件现浇连接			
评价项目	评 价 标 准		分值	得分
任务考核 (80%)	预制构件连接节点和连接接缝部位规定	描述内容是否完整、准确	10	
	楼层内相邻预制剪力墙的连接规定	描述内容是否完整、准确	20	
	墙板浇筑混凝土前的准备工作	描述内容是否完整、准确	10	
	预制外墙板后浇混凝土的施工要求	施工要求描述到位,是否符合规范要求	20	
	"一"字形现浇连接节点的施工流程	流程内容是否完整、准确	20	
过程表现 (20%)	任务参与度	积极参与工作中的各项内容	5	
	工作态度	态度端正,工作认真、主动	5	
	团队协作	能与小组成员合作交流、协调配合	5	
	职业素质	能够做到遵纪守法、安全生产、爱护公共设施、保护环境	5	
合　计			100	

【相关知识】

1. 装配整体式混凝土结构后浇混凝土模板及支撑要求

微课:预制
混凝土构件
节点施工

（1）装配整体式混凝土结构的模板与支撑应根据施工过程中的各种工况进行设计,应具有足够的承载力和刚度,并应保证其整体稳固性。

装配整体式混凝土结构的模板与支撑应根据工程结构形式、预制构件类型、荷载大小、施工设备和材料供应等条件确定,此处所要求的各种工况应由施工单位根据工程具体情况确定,以确保模板与支撑稳固可靠。

（2）模板与支撑的安装应保证工程结构的构件各部分形状、尺寸和位置的准确,模板应牢固、严密、不漏浆,且应便于钢筋敷设和混凝土浇筑、养护。

（3）预制构件接缝处宜采用与预制构件可靠连接的定型模板。定型模板与预制构件间应粘贴密封条,在浇筑混凝土时,节点处模板不应产生明显变形和漏浆。

预制构件宜预留与模板连接用的孔洞、螺栓,预留位置应与模板模数相协调,并便于安装模板。预制墙板现浇节点区的模板支设是施工的重点,为了保证节点区支设模板的可靠性,通常采用在预制构件上预留螺母、孔洞等连接方式,施工单位应根据节点区选用的模板形式,使构件预埋与模板固定相协调。

（4）模板宜采用水性脱模剂。脱模剂应能有效减小混凝土与模板间的吸附力,并应有一定的成模强度,且不应影响脱模后混凝土表面的后期装饰。

（5）模板与支撑安装。

① 安装预制墙板、预制柱等竖向构件时,应采用可调斜支撑临时固定;斜支撑的位置应避免与模板支架及相邻支撑冲突。

② 夹心保温外墙板竖缝采用后浇混凝土连接时,宜采用工具式定型模板支撑,并应符合下列规定:定型模板应通过螺栓或预留孔方式与预制构件可靠连接;安装定型模板时,应避免遮挡预墙板下部灌浆预留孔洞;夹心墙板的外叶板应采用螺栓拉结或夹板等加强固定;墙板接缝部位及与定型模板连接均应采取可靠的密封防漏浆措施;对夹心保温外墙板拼接竖缝节点后浇混凝土段,所采用定型模板做了规定(图 2-69),通过在模板与预制构件、预制构件与预制构件之间采取可靠的密封防漏措施,达到后浇混凝土与预制混凝土相接表面平整度符合验收要求。

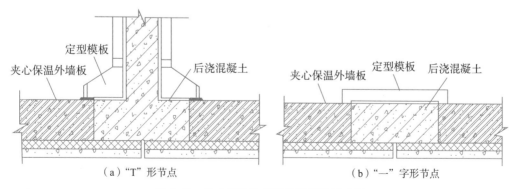

图 2-69　夹心保温外墙板拼接竖缝示意图

③ 采用预制保温作为免拆除外墙模板进行支模时,预制外墙模板的尺寸参数及与相邻外墙板之间的拼缝宽度应符合设计要求。安装时,应与内侧模板或相邻构件连接牢固,并采取可靠的密封防漏浆措施。预制梁柱节点区域后浇筑混凝土部分采用定型模板支模时,宜采用螺栓与预制构件可靠地连接固定,模板与预制构件之间应采取可靠的密封防漏浆措施。

当采用预制外墙模板时(图 2-70),应符合建筑与结构设计的要求,以保证预制外墙板符合外墙装饰要求,并在使用过程中可做到结构安全可靠。预制外墙模板与相邻预制构件安装定位后,为防止浇筑混凝土时漏浆,需要采取有效的密封措施。

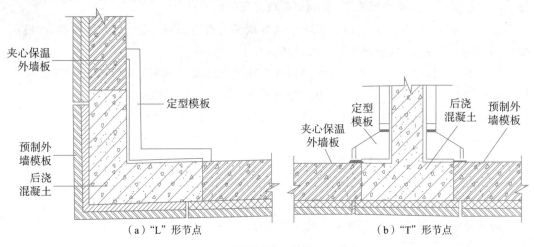

（a）"L"形节点　　　　　　　　　　　（b）"T"形节点

图 2-70　预制外墙模板拼接竖缝节点

(6) 拆除模板与支撑时,应注意以下几点。

① 拆除模板时,应遵循先拆非承重模板、后拆承重模板的顺序。水平结构模板应由跨中向两端拆除,竖向结构模板应自上而下进行拆;多个楼层间连续支模的底层支架拆除时间,应根据连续支模的楼层间荷载分配和后浇混凝土强度的增长情况确定;当后浇混凝土强度能保证构件表面及棱角不受损伤时,方可拆除侧模模板。

② 叠合构件的后浇混凝土同条件立方体抗压强度达到设计要求时,方可拆除龙骨及下一层支撑;当设计无具体要求时,同条件养护的后浇混凝土立方体试件抗压强度应符合表 2-44 的规定。

表 2-44　模板与支撑拆除时后脚混凝土强度要求

构件类型	构建跨度/m	达到设计混凝土强度等级值的百分率/%
板	≤2	≥50
	>2，≤8	≥75
	>8	≥100
梁	≤8	≥75
	>8	≥100
悬臂构件		≥100

注:受弯类叠合构件的施工要考虑两阶段受力的特点,支撑的拆除时间需要考虑现浇混凝土同条件立方体抗压强度,施工时要采取措施以满足设计要求。

③ 预制墙板斜支撑和限位装置应在连接节点和连接接缝部位后浇混凝土或灌浆料强度达到设计要求后拆除;当设计无具体要求时,应在后浇混凝土或灌浆料达到设计强度的75%以上方可拆除。

④ 预制柱斜支撑应在预制柱与连接节点部位后浇混凝土或灌浆料强度达到设计要求,且上部构件吊装完成后进行拆除。

⑤ 拆除的模板和支撑应分散堆放并及时清运,应采取措施避免施工集中堆载。

2. 装配整体式混凝土结构后浇混凝土的钢筋要求

1)钢筋连接

(1)预制构件的钢筋连接可选用钢筋套筒灌浆连接接头。采用直螺纹钢筋灌浆套同钢筋的直螺纹连接部分应符合现行行业标准《钢筋机械连接技术规程》(JGJ 107—2016)规定;钢筋套筒灌浆连接部分应符合设计要求及建筑工业行业标准《钢筋连接用灌浆套筒》(JG/T 398—2019)和《钢筋连接用套筒灌浆料》(JG/T 408—2019)的规定。

(2)如果钢筋采用钢筋焊接连接,接头应符合现行行业标准《钢筋焊接及验收规程》(JGJ 18—2012)的有关规定;如果采用钢筋机械连接接头应符合现行行业标准《钢筋机械连接技术规程》(JGJ 107—2016)的有关规定,机械连接接头部位的混凝土保护层厚度宜符合现行国家标准《混凝土结构设计规范(2015 年版)》(GB 50010—2010)中受力钢筋的混凝土保护层最小厚度的规定,且不得小于 15mm;接头之间的横向净距不宜小于 25mm;当钢筋采用弯钩或机械锚固措施时,钢筋锚固端的锚固长度应符合现行国家标准《混凝土结构设计规范(2015 年版)》(GB 50010—2010)的有关规定;采用钢筋锚固板时,应符合现行行业标准《钢筋锚固板应用技术规程》(JGJ 256—2011)的有关规定。

2)钢筋定位

(1)装配整体式混凝土结构后浇混凝土内的连接钢筋应埋设准确,连接与锚固方式应符合设计和现行有关技术标准的规定。

(2)构件连接处钢筋位置应符合设计要求。当设计无具体要求时,应保证主要受力构件和构件中主要受力方向的钢筋位置,并应符合下列规定:①框架节点处,梁纵向受力钢筋宜置于柱纵向钢筋内侧;②当主次梁底部标高相同时,次梁下部钢筋应放在主梁下部钢筋之上;③剪力墙中水平分布钢筋宜置于竖向钢筋外侧,并在墙端弯折锚固。

(3)钢筋套筒灌浆连接接头的预留钢筋应采用专用模具进行定位;并应符合下列规定:①当定位钢筋中心位置存在细微偏差时,宜采用钢套管方式进行细微调整;②当定位钢筋中心位置因存在严重偏差而影响预制构件安装时,应按设计单位确认的技术方案处理;应采用可靠的绑扎固定措施对连接钢筋的外露长度进行控制。

预留钢筋定位精度对预制构件的安装有重要影响,因此对预埋于现浇混凝土内的预留钢筋采用专用定型钢模具对其中心位置进行控制,并采用可靠的绑扎固定措施对连接钢筋的外露长度进行控制。

(4)预制构件的外露钢筋应防止弯曲变形,并在预制构件吊装完成后,对其位置进行校核与调整。

3. 装配整体式混凝土结构后浇混凝土要求

(1)装配整体式混凝土结构施工应采用预拌混凝土。预拌混凝土应符合现行相关标准的规定。

（2）装配整体式混凝土结构施工中的结合部位或接缝处混凝土的工作性应符合设计和施工的规定；当采用自密实混凝土时，应符合现行相关标准的规定。

在浇筑混凝土过程中，应按规定见证取样、留置混凝土试件。同一配合比的混凝土，每工作班且建筑面积不超过 $1000m^2$，应制作 1 组标准养护试件，同一楼层应制作不少于 3 组标准养护试件。

（3）在浇筑混凝土前，装配整体式混凝土结构工程应进行隐蔽项目的现场检查与验收。

（4）应连续浇筑连接接缝混凝土，竖向连接接缝可逐层浇筑，混凝土分层浇筑高度应符合现行规范要求；浇筑时，应采取保证混凝土浇筑密实的措施；同一连接接缝的混凝土应连续浇筑，并应在底层混凝土初凝之前将上一层混凝土浇筑完毕；预制构件连接节点和连接接缝部位的混凝土应加密振捣点，并适当延长振捣时间；预制构件连接处混凝土浇筑和振捣时，应对模板和支架进行观察和维护，如发生异常情况，应及时进行处理；在浇筑和振捣构件接缝混凝土时，应采取措施防止模板、相连接构件、钢筋、预埋件及其定位件移位。

（5）混凝土浇筑完毕后，应按施工技术方案要求及时采取有效的养护措施，并应符合下列规定。

① 应在浇筑完毕的 12h 以内对混凝土加以覆盖并养护。

② 浇水次数应能保持混凝土处于湿润状态。

③ 采用塑料薄膜覆盖养护的混凝土，其敞露的全部表面应覆盖严密，并应保持塑料薄膜内有凝结水。

④ 叠合层及构件连接处后浇混凝土的养护时间不应少于 14d。

⑤ 在混凝土强度达到 1.2MPa 前，不得在其上踩踏或安装模板及支架。

叠合层及构件连接处混凝土浇筑完成后，可采取洒水、覆膜、喷涂养护剂等养护方式来保证后浇混凝土的质量，规定养护时间不应少于 14d。

（6）混凝土冬期施工应按现行规范《混凝土结构工程施工规范》（GB 50666—2011）、《建筑工程冬期施工规程》（JGJ/T 104—2011）的相关规定执行。

4. 预制剪力墙的现浇连接施工

1）后浇带节点构造要求

预制剪力墙的顶面、底面和两侧面应处理为粗糙面或者制作键槽，与预制剪力墙连接的圈梁上表面也应处理为粗糙面，如图 2-71 所示。粗糙面露出的混凝土粗骨料不宜小于其最大粒径的 1/3，且粗糙面凹凸不应小于 6mm。根据《装配式混凝土结构技术规程》（JGJ 1—2014），对于高层预制装配式墙体结构，楼层内相邻预制剪力墙的连接应符合下列规定。

（1）边缘构件应现浇，现浇段内按照现浇混凝土结构的要求设置箍筋和纵筋。如图 2-72～图 2-74 所示，预制剪力墙的水平钢筋应在现浇段内锚固，或与现浇段内水平钢筋焊接或搭接连接。

（2）上、下剪力墙板之间，先在下墙板和叠合板上部浇筑圈梁连续带后，坐浆安装上部墙板，套筒灌浆或浆锚搭接进行连接，如图 2-75 所示。

（3）若剪力墙板底部的局部套筒未对准时，可使用倒链将墙板手动微调，对孔。底部

（a）键槽　　　　　　　　　　（b）露骨料粗糙面

（c）拉毛粗糙面　　　　　　（d）凿毛粗糙面　　　　　　（e）印花粗糙面

图 2-71　预制构件表面键槽和粗糙面处理示意图

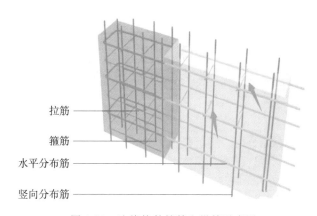

图 2-72　边缘构件箍筋和纵筋示意图

没有灌浆套筒的外填充墙板可直接顺着角码缓缓放下墙板。垫板造成的空隙可用坐浆方式填补（也可后填砂浆，但要密实）。为防止坐浆料填充到外叶板之间，在保温层上方采用橡胶止水条堵塞缝隙（图 2-76），预埋套筒一侧钢筋直螺纹连接后预埋在预制墙板底部，另一侧的钢筋预埋在下层预制墙板的顶部，安装墙板时，墙顶部钢筋插入上层墙底部的套筒内。根据现场情况，拟采高强砂浆对墙体根部周围缝隙进行密封，确保注浆料不从缝隙中溢出，待封堵砂浆凝固后，然后对连接套筒通过灌浆孔进行灌浆处理，完成上、下墙板内钢筋的连接。应复核墙体的水平位置和标高、垂直度以及相邻墙体的尺寸等，确保无误。

在后向墙板内的钢筋连接套筒预留注浆孔内灌注高压浆，待发现出浆孔溢出浆料，结束灌浆，依次连续注浆完毕，如图 2-77 所示。

2）后浇带施工

装配整体式混凝土结构竖向构件安装完成后，应及时穿插进行边缘构件后浇带的钢筋和模板施工，并完成后浇混凝土施工。图 2-78 所示为安装完成后等待后浇混凝土的预制墙板。

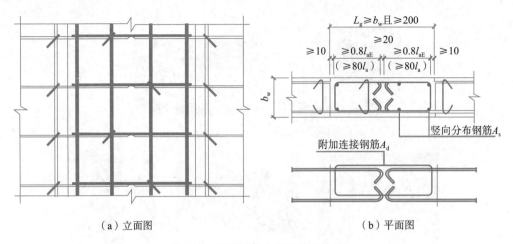

（a）立面图　　　　　　　　　（b）平面图

图 2-73　预制墙间的竖向接缝构造

注：附加封闭连接钢筋与预留弯钩钢筋连接。

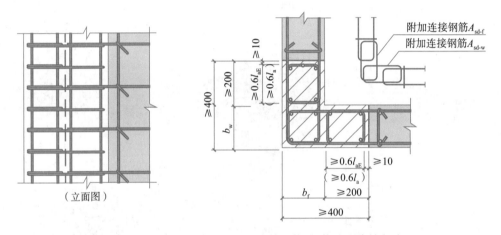

（立面图）

图 2-74　预制墙在转角墙处的竖向接缝构造（构造边缘转角墙）

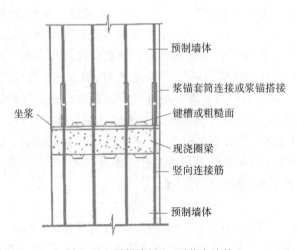

图 2-75　预制墙板上、下节点连接

图 2-76　预制墙板安装连接预留筋

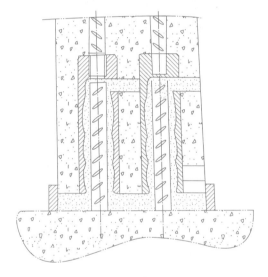

图 2-77　墙体注浆示意图

（a）立体示意图

（b）待浇节点详图

图 2-78　安装完成后等待后浇混凝土的预制墙板

（1）钢筋施工：预制墙板连接部位宜先校正水平连接钢筋，后安装箍筋套，待墙体竖向钢筋连接完成后，绑扎箍筋，连接部位加密区的箍筋宜采用封闭箍筋；装配整体式混凝土结构后浇混凝土节点间的钢筋施工除满足本任务前面的相关规定外,还需要注意以下问题。

① 后浇混凝土节点间的钢筋安装做法受操作顺序和空间的限制,与常规做法有很大的不同,必须在符合相关规范要求时顺应装配整体式混凝土结构的要求。

② 装配混凝土结构预制墙板间竖缝(墙板间混凝土后浇带)的钢筋安装做法按《装配式混凝土结构技术规程》(JGJ 1—2014)的要求"……约束边缘构件……宜全部采用后浇混凝土,并且应在后浇段内设置封闭箍筋",如图 2-79 所示。

图 2-79　竖缝钢筋需另加箍筋

按国标图集《装配式混凝土结构连接节点构造》(15G310-1～2)中预制墙板间构件竖缝有加附加连接钢筋的做法,如果竖向分布钢筋按搭接做法预留,封闭箍筋或附加连接(也是封闭)钢筋均无法安装,只能用开口箍筋代替。

(2)模板安装:墙板间混凝土后浇带连接宜采用工具式定型模板支撑,除应满足本任务前面的相关规定外,还应符合下列规定。定型模板应通过螺栓(预置内螺母)或预留孔洞拉结的方式与预制构件可靠连接;定型模板安装应避免遮挡预制墙板下部灌浆预留孔洞;夹心墙板的外叶板应采用螺栓拉结或夹板等加强固定;墙板接缝部位及与定型模板连接处均应采取可靠的密封防漏浆措施,如图 2-80 所示。

采用预制保温作为免拆除外墙模板(PCF)进行支模时,预制外墙模板的尺寸参数及与相邻外墙板之间的拼缝宽度应符合设计要求。安装时,应与内侧模板或相邻构件连接牢固,并采取可靠的密封防漏浆措施,如图 2-81 所示。

(3)后浇带混凝土的浇筑与养护参照本任务前面的相关规定执行。

对预制墙板斜支撑和限位装置,应在连接节点和连接接缝部位后浇混凝土或灌浆料强度达到设计要求后拆除;当设计无具体要求时,应在后浇混凝土或灌浆料达到设计强度的75%以上方可拆除。

3)预制内填充墙连接接缝处理

(1)挤压成型墙板板间拼缝宽度为(5±2)mm。板必须用专用黏结剂和嵌缝带处理。黏结剂应挤实、粘牢,嵌缝带用嵌缝剂粘牢刮平,如图 2-82 所示。

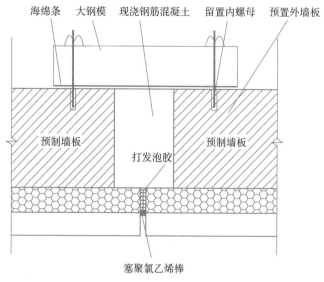

图 2-80　"一"字形墙板间混凝土后浇带模板支设图

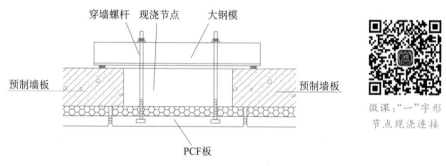

图 2-81　"一"字形后浇混凝土节点采用 PCF 模板支设图

微课："一"字形
节点现浇连接

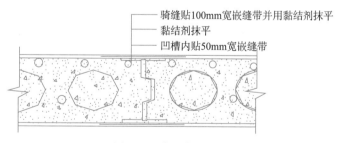

图 2-82　嵌缝带构造图

　　(2) 预制内墙板与楼面连接处理。墙板安装经检验合格 24h 内,用细石混凝土(高度>30mm)或 1∶2 干硬性水泥砂浆(高度≤30mm)将板的底部填塞密实,底部填塞完成 7d 后,撤出木楔并用 1∶2 的干硬性水泥砂浆填实木楔孔,如图 2-83 所示。

　　(3) 门头板与结构顶板连接拼缝处理方法如下:施工前 30min 开始清理阴角基面,涂刷专用界面剂,在接缝阴角满刮一层专用黏结剂,厚度为 3~5mm,并粘贴第一道 50mm 宽的嵌缝带;用抹子将嵌缝带压入黏结剂中,并用黏结剂将凹槽抹平墙面;嵌缝带宜埋于距黏结剂完成面约 1/3 的位置处,并不得外露,如图 2-84 所示。

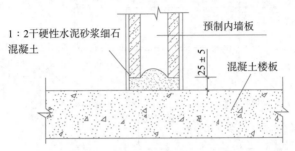

图 2-83　预制内墙与楼面连接节点

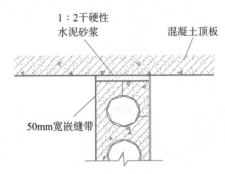

图 2-84　门头板与混凝土顶板连接节点

　　(4)门头板与门框板水平连接拼缝处理方法如下:在墙板与结构板底夹角两侧 100mm 范围内满刮黏结剂,用抹子将嵌缝带压入黏结剂中抹平。门头板拼缝处开裂概率较高,施工时应注意黏结剂的饱满度,并将门头板与门框板顶实,在板缝黏结材料和填缝材料未达到强度之前,应避免使门框板受到较大的撞击,如图 2-85 所示。

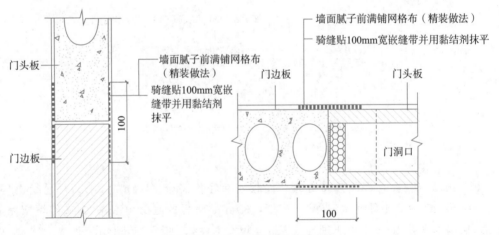

图 2-85　门头板与门边板连接节点

任务 2.3.2 水平构件现浇连接

【任务描述】

某停车楼项目为装配式立体停车楼,该楼采用全装配式钢筋混凝土剪力墙－梁柱结构体系,预制率为 95% 以上,抗震设防烈度为 7 度,结构抗震等级为三级。该工程地上 4 层,地下1 层,预制构件共计 3788 块,其中水平构件及竖向构件连接均采用灌浆套筒连接方式。

该项目技术员现需要结合之前任务中所吊装完成的水平预制构件完成现浇部分连接任务,其水平构件叠合楼板如图 2-86 所示。

图 2-86 水平叠合楼板

本任务要求如表 2-45 所示。

表 2-45 工作任务表

任务清单
1. 了解水平构件现浇连接节点类型;
2. 掌握水平构件现浇连接施工;
3. 了解水平构件现浇连接的质量要求。

【任务分组】

请完成本任务分组,并将分组情况填入表 2-46。

表 2-46 工作分组表

工作分组					
班级		组号		指导老师	
组长		学号			
组员		序号	姓名	学号	任务分工

【工作准备】

水平构件现浇连接施工流程如图 2-87 所示。

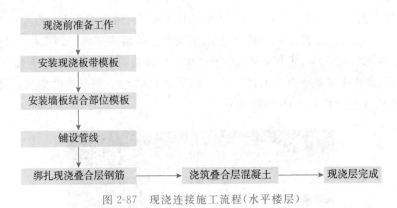

图 2-87 现浇连接施工流程（水平楼层）

以上是现浇水平楼层的施工流程，请你想一想哪些是预制混凝土水平构件节点连接的关键点呢？请你思考这些问题，并通过查阅文献资料、媒体资源、听课、讨论等方式获取相关资料，并完成表 2-47 中的知识确认。

表 2-47　知识技能确认单

序号	知识点与技能点	你的回答	评价
1	根据预制混凝土水平竖向连接部位的不同,哪些不同的部位种类会涉及节点连接施工?		
2	水平楼板浇筑之前有哪些准备工作?		
3	预制梁柱节点区的钢筋有哪些安装要求?		

【工作实施】

在学完相关知识后，请你结合其他资源，以小组的形式完成表 2-48 中任务。此外，水平现浇连接模块是装配化施工过程的重要工序,也是装配式建筑虚拟仿真实训软件的重要模块之一,其主要工序包括支设模板、绑扎钢筋、敷设 PVC 管线、安装埋件、现浇楼面、振捣混凝土、楼面收光等,可通过虚拟仿真软件进行操作。

表 2-48 工作实施表

序号	引 导 问 题	你的回答
1	叠合楼板有哪些施工要求?	
2	叠合梁的箍筋有哪些配置要求?	
3	需后浇混凝土的预制件有哪些表面处理方法?	
4	(拓展)预应力叠合楼盖主要有哪些施工工序?	

【思考题】

水平构件现浇连接工艺与竖向构件现浇连接工艺有何区别?

【任务考核/评价】

教师根据学生工作过程与工作结果进行评价,并将评价结果填入表 2-49。

表 2-49　任务考核评价表

班级：	姓名：	学号：		所在组：		
所在项目	项目 2.3　预制混凝土构件节点施工					
工作任务	任务 2.3.2　水平构件现浇连接					
评价项目		评价标准			分值	得分
任务考核 （80%）	叠合楼板的施工要求	内容是否正确、完整			20	
	叠合梁的箍筋配置要求	箍筋配制是否与图纸要求相符			25	
	需后浇混凝土的预制件表面处理	表面处理方式是否合适、正确			25	
	预应力叠合楼盖的主要施工工序	施工工序描述是否准确、完整			10	
过程表现 （20%）	任务参与度	积极参与工作中的各项内容			5	
	工作态度	态度端正，工作认真、主动			5	
	团队协作	能与小组成员合作交流、协调配合			5	
	职业素质	能够做到遵纪守法、安全生产、爱护公共设施、保护环境			5	
合　计					100	

【相关知识】

1. 装配整体式混凝土结构后浇混凝土模板及支撑要求

模板与支撑安装除应满足竖向构件现浇连接部位的相关规定外，还应满足以下要求。

1）叠合楼板施工要求

安装叠合楼板的预制底板时，可采用龙骨及配套支撑，应针对龙骨及配套支撑进行设计计算；宜选用可调整标高的定型独立钢支柱作为支撑，龙骨的顶面标高应符合设计要求；应准确控制预制底板搁置面的标高；浇筑叠合层混凝土时，应避免在预制底板上部集中堆载。

2）叠合梁施工要求

预制梁下部的竖向支撑可采取点式支撑，支撑位置与间距应根据施工验算确定；

预制梁竖向支撑宜选用可调标高的定型独立钢支架；

预制梁的搁置长度及搁置面的标高应符合设计要求。

2. 装配整体式混凝土结构后浇混凝土钢筋要求

钢筋定位除应满足竖向构件现浇连接部位的相关规定外，还应满足以下要求。

（1）预制梁柱节点区的钢筋安装要求如下：节点区柱箍筋应预先安装于预制柱钢筋上，随预制柱一同安装就位；预制叠合梁采用封闭箍筋时，预制梁上部纵筋应预先穿入箍筋内临时固定，并随预制梁一同安装就位；预制叠合梁采用开口箍筋时，预制梁上部纵筋可在现场安装。

（2）叠合板上部后浇混凝土中的钢筋宜采用成型钢筋网片整体安装就位。

（3）装配整体式混凝土结构后浇混凝土施工时，应采取可靠的保护措施，防止钢筋偏移及受到污染。

3. 装配整体式混凝土结构后浇混凝土要求

后浇混凝土除应满足竖向构件现浇连接部位的相关规定外,还应满足以下要求。

(1)浇筑叠合构件混凝土前,应清除叠合面上的杂物、浮浆及松散骨料。表面干燥时,应洒水润湿,洒水后不得留有积水。

叠合面对预制与现浇混凝土的结合有重要作用,因此,应对叠合构件混凝土浇筑前表面清洁与施工技术处理做了规定。

(2)浇筑叠合构件混凝土前,应检查并校正预制构件的外露钢筋。

(3)浇筑叠合构件混凝土时,应采取由中间向两边的方式。

此条规定的目的是保证在浇筑叠合构件混凝土时,下部预底板的龙骨与支撑的受力均匀,减小施工过程中不均匀分布荷载的不利作用。

(4)在叠合构件与周边现浇混凝土结构连接处浇筑混凝土时,应加密振捣点,当采取延长振捣时间措施时,应符合有关标准和施工作业的要求;在浇筑叠合构件混凝土时,不应移动预埋件的位置,且不得污染预埋外露连接部位。

(5)叠合构件上一层混凝土剪力墙吊装施工,应在剪力墙锚固的叠合构件后浇层混凝土达到足够强度后进行。

(6)构件连接混凝土应满足以下要求。

在装配整体式混凝土结构中,预制构件的连接处混凝土的强度等级不应低于所连接的各预制构件混凝土强度等级中的较大值。此条与《混凝土结构工程施工规范》(GB 50666—2011)中对装配整体式混凝土结构接缝现浇混凝土的要求一致。如预制梁、柱混凝土强度等级不同时,预制梁柱节点区混凝土应按强度等级高的混凝土浇筑。

在预制构件连接处,宜采用无收缩混凝土或砂浆,并宜采取提高混凝土或砂浆早期强度的措施;在浇筑过程中,应振捣密实,并应符合有关标准和施工作业要求。

4. 叠合楼板的现浇连接施工

(1)在浇筑叠合构件混凝土前,应清除叠合面上的杂物、浮浆及松散骨料。表面干燥时,应洒水润湿,洒水后不得留有积水。浇筑叠合构件混凝土时,宜采取由中间向两边的方式。叠合构件与现浇构件交接处的混凝土应加密振捣点,并适当延长振捣时间。在浇筑叠合构件混凝土时,不应移动预埋件的位置,且不得污染预埋件的连接部位。叠合构件上一层混凝土剪力墙吊装施工,应在剪力墙锚固的叠合构件后浇层混凝土达到足够强度后进行。在叠合构件的叠合层混凝土同条件立方体抗压强度达到混凝土设计强度等级值的75%后,方可拆除下一层支撑。

(2)应在预制混凝土与后浇混凝土之间的结合面设置粗糙面。粗糙面的凹凸深度不应小于4.1mm,以保证叠合面具有较强的黏结力,使两部分混凝土共同有效地工作。预制板厚度由于脱模、吊装、运输、施工等因素,最小厚度不宜小于60mm。后浇混凝土层的最小厚度不应小于60mm,主要考虑楼板的整体性及管线预埋、面筋铺设、施工误差等因素。当板的跨度大于3m时,宜采用桁架钢筋混凝土叠合板,可增加预制板的整体刚度和水平抗剪性能;当板的跨度大于6m时,宜采用预应力混凝土预制板,以节省工程造价;对于板厚大于180mm的叠合板,其预制部分采用空心板,应封堵空心部分板端空腔,可减轻楼板自重,提高经济性能。

(3)叠合板支座处的纵向钢筋应符合图 2-88 中的规定。

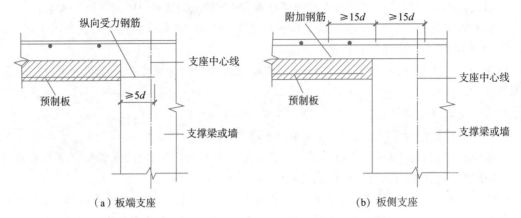

图 2-88 叠合板端及板侧支座构造示意图

端支座处,预制板内的纵向受力钢筋宜从板端伸出,并锚入支撑梁或墙的后浇混凝土中,锚固长度不应小于 5d(d 为纵向受力钢筋直径),且宜伸过支座中心线,如图 2-88(a)所示。

单向叠合板的板侧支座处,当板底分布钢筋不伸入支座时,宜在紧邻预制板顶面的后浇混凝土叠合层中设置附加钢筋,附加钢筋截面面积不宜小于预制板内的同向分布钢筋面积,其间距不宜大于 600mm。在板的后浇混凝土叠合层内,锚固长度不应小于 15d(d 为附加钢筋直径),在支座内的锚固长度不应小于 15d,且宜伸过支座中心线,如图 2-88(b)所示。

单向叠合板板侧的分离式拼缝宜配置附加钢筋,如图 2-89 所示。接缝处紧邻预制板顶面宜设置垂直于板缝的附加钢筋,附加钢筋伸入两侧后浇混凝土叠合层的锚固长度不应小于 15d(d 为附加钢筋直径);附加钢筋截面面积不宜小于预制板中该方向钢筋的面积,钢筋直径不宜小于 6mm,间距不宜大于 250mm。

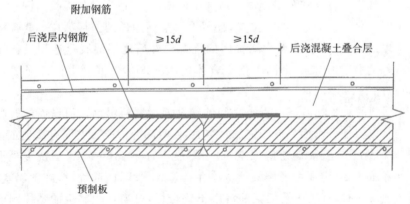

图 2-89 单向叠合板侧分离式拼缝构造示意图

由于双向叠合板板侧的整体式接缝处有应变集中的情况,宜将接缝设置在叠合板的次要受力方向上,且宜避开最大弯矩截面。接缝可采用后浇带形式,并应符合下列规定。

① 后浇带宽度不宜小于 200mm。

② 后浇带两侧板底纵向受力钢筋可在后浇带中焊接、搭接连接,弯折锚固。

③ 当后浇带两侧板底纵向受力钢筋在后浇带中弯折锚固时,应符合下列规定。叠合板厚度不应小于 $10d$,且不应小于 120mm(d 为弯折钢筋直径的较大值);垂直于接缝的板底纵向受力钢筋配置量宜按计算结果增大 15% 配置;接缝处预制板侧伸出的纵向受力钢筋应在后浇混凝土叠合层内锚固,且锚固长度不应小于 l_a;两侧钢筋在接缝处重叠的长度不应小于 $10d$,钢筋弯折角度不应大于 30°,弯折处沿接缝方向应配置不少于 2 根通长构造钢筋,且直径不应小于该方向预制板内钢筋直径。

(4) 叠合板施工还应符合以下要求。

① 叠合构件后浇混凝土层施工前,应按设计要求检查结合面的粗糙度和清洁度,检查并校正预制构件的外露钢筋。

② 叠合构件应根据构件类型、跨度来确定后浇混凝土支撑件的拆除时间。当强度达到设计要求后,方可承受全部设计荷载。

③ 在浇筑叠合楼板面层混凝土前,应对接合部进行处理,包括清扫垃圾、清理污渍、洒水湿润等。

④ 应连续浇筑叠合楼板楼面混凝土,并严格控制现浇混凝土表面的平整度。

⑤ 现浇部分的施工环节还应满足《混凝土结构工程施工质量验收规范》(GB 50204—2015)和《混凝土结构工程施工规范》(GB 50666—2011)中相关条款的要求。

⑥ 当叠合楼板混凝土强度符合下列规定时,方可拆除板下梁墙临时连接槽钢、顶撑、专用斜撑等工具,以防止叠合梁发生侧倾或混凝土过早承受拉应力而使现浇节点出现裂缝。当预制带肋底板跨度不大于 2m 时,同条件养护的混凝土立方体抗压强度不应小于设计混凝土强度等级值的 50%;当预制带肋底板跨度在 2~8m 时,同条件养护的混凝土立方体抗压强度不应小于设计混凝土强度等级值的 75%。

拓展资料

喷涂混凝土养护剂是混凝土养护的一种新工艺,混凝土养护剂是高分子材料,喷洒在混凝土表面后固化,形成一层致密的薄膜,使混凝土表面与空气隔绝,大幅降低水分从混凝土表面蒸发的损失。

同时,养护剂可与混凝土浅层游离氢氧化钙作用,在渗透层内形成致密、坚硬表层,从而最大限度地利用混凝土中自身的水分完成水化作用,达到混凝土自养的目的。用养护剂的目的是保护混凝土,因为混凝土在硬化过程中表面失水,会产生收缩,出现裂缝,称作塑性收缩裂缝;在混凝土终凝前,无法洒水养护,使用养护剂就是较好的选择。对于整体装配式混凝土结构竖向构件接缝处的后浇混凝土带,洒水保湿比较困难,即可采用养护剂进行保护。

【项目考核/评价】

(1) 请根据项目完成情况,完成学习自我评价,将评价结果填入表 2-50。

表 2-50　学习成果自评表

班级：　　　姓名：　　　学号：　　　所在组：		
所在项目	项目 2.3　预制混凝土构件节点施工	
评 价 项 目	分值	得分
学习内容掌握程度	30	
工作贡献度	20	
课堂表现	20	
成果质量	30	
合　计	100	

（2）学习小组成员根据工作任务开展过程及结果进行互评，将评价结果填入表 2-51。

表 2-51　学习小组互评表

所在项目	项目 2.3　预制混凝土构件节点施工									
组号										
评价项目	分值	等　　级				评价对象（序号）				
						组长	1	2	3	4	5
工作贡献	20	优(20)	良(16)	中(12)	差(8)					
工作质量	20	优(20)	良(16)	中(12)	差(8)					
工作态度	20	优(20)	良(16)	中(12)	差(8)					
工作规范	20	优(20)	良(16)	中(12)	差(8)					
团队合作	20	优(20)	良(16)	中(12)	差(8)					
合　计	100									

（3）教师根据学生工作过程与工作结果进行评价，并将评价结果填入表 2-52。

表 2-52　教师综合评价表

班级：　　　姓名：　　　学号：　　　所在组：				
所在项目	项目 2.3　预制混凝土构件节点施工			
评价项目	评 价 标 准		分值	得分
考勤(10%)	无无故迟到、早退、旷课现象		10	
工作过程 (50%)	任务 2.2.1	任务完成情况及过程表现	15	
	任务 2.2.1	任务完成情况及过程表现	15	
	任务参与度	积极参与工作中的各项内容	5	
	工作态度	态度端正，工作认真、主动	5	
	团队协作	能与小组成员合作交流、协调配合	5	
	职业素质	能够做到遵纪守法、安全生产、爱护公共设施、保护环境	5	

续表

评价项目		评价标准	分值	得分
项目成果 (40%)	工作完整	能按时完成任务	5	
	工作规范	能按规范开展工作任务	5	
	内容正确	工作内容的准确率	15	
	成果效果	工作成果的合理性、完整性等	15	
合　计			100	
综合评价	自评(20%)	小组互评(30%)	教师评价(50%)	综合得分

项目 2.4　预制混凝土外墙防水密封

项目介绍

本项目主要介绍预制混凝土外墙防水密封、现场修补和表面处理的施工工艺要求。通过学习本项目,学生能够掌握装配式建筑 PC 构件的套筒灌浆连接技术。

学习目标

知识目标

(1)掌握预制混凝土构件安装缝的打胶施工。

(2)熟悉预制混凝土装配式建筑墙板的现场修补工艺。

(3)了解预制混凝土构件的表面处理工艺。

技能目标

掌握预制混凝土构件安装缝的打胶施工。

素质目标

培养团队协作能力。

案例引入

装配式建筑外墙存在大量的拼接缝,很容易发生拼接渗漏。同时,复合保温外墙板的不易修复性大大增加了治理装配式建筑渗漏的难度。因此,装配式建筑防火、防水保温是后期施工的重点和难点。

任务 2.4.1　预制剪力墙外墙封缝打胶

【任务描述】

预制墙板的防水密封是保障装配式建筑使用过程中不出现渗水现象的重要工序。本任务主要针对装配式混凝土建筑外墙拼缝防水密封施工设计,主要内容见表 2-53。

表 2-53　工作任务表

任务清单
1. 了解预制剪力墙外墙板封缝打胶的意义； 2. 掌握预制墙板构件封缝打胶的施工流程； 3. 掌握封缝打胶施工的质量检测方法。

【任务分组】

请完成本任务分组，并将分组情况填入表 2-54。

表 2-54　工作任务表

工作分组					
班级		组号		指导老师	
组长		学号			
组员	序号	姓名		学号	任务分工

【工作准备】

（1）阅读工作任务书，完成学习分组，仔细阅读本任务相关资料。

（2）阅读相关资料，了解预制剪力墙板拼缝处的防水构造。

（3）根据图 2-90 分析预制墙板防水密封施工的要点。

【工作实施】

根据要求，完成表 2-55 中的工作任务。

表 2-55　工作实施表

序号	引导问题	你的回答
1	封缝前，拼缝基层需要做哪些处理？	
2	工程中常用哪些防水密封胶？应如何选择？	
3	简述封缝打胶的施工工艺。	

续表

序号	引 导 问 题	你的回答
4	如何检查封缝打胶的工作质量？	
5	如出现打胶不饱满、涂抹质量不达标等问题,应如何解决？	

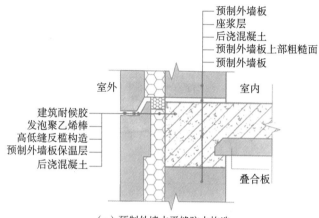

（a）预制外墙水平缝防水构造

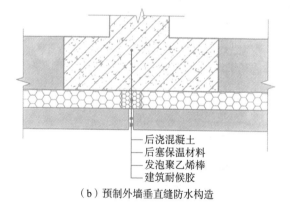

（b）预制外墙垂直缝防水构造

图2-90　防水构造做法

【思考题】

除了在预制墙板拼缝处打胶,还有哪些办法可以加强拼缝处的防水质量？

【任务考核/评价】

教师根据学生工作过程与工作结果进行评价,并将评价结果填入表 2-56。

表 2-56 任务考核评价表

班级:	姓名:	学号:	所在组:			
所在项目	项目 2.4 预制混凝土外墙防水密封					
工作任务	任务 2.4.1 预制剪力墙外墙封缝打胶					
评价项目		评 价 标 准			分值	得分
任务考核 (80%)	拼缝基层处理	基层处理方式是否正确、完整			20	
	封缝打胶施工工艺	工艺流程是否正确、完整,工具选择是否准确			30	
	封缝打胶工作质量检查	质量检查内容符合相关规范要求			20	
	分缝问题解决	问题解决方法得当			10	
过程表现 (20%)	任务参与度	积极参与工作中的各项内容			5	
	工作态度	态度端正,工作认真、主动			5	
	团队协作	能与小组成员合作交流、协调配合			5	
	职业素质	能够做到遵纪守法、安全生产、爱护公共设施、保护环境			5	
合　计					100	

【相关知识】

1. 构件安装缝施工

在装配式建筑结构中,安装 PC 构件后,需要对构件与构件之间的缝以及外挂墙板构件与其他围护墙体之间的缝进行处理,如图 2-91 所示。

微课:预制混凝
土外墙接缝
防水密封

图 2-91 预制构件安装缝

处理接缝时,最主要的任务是防水,雨水渗漏进夹心保温板后,会导致保温板受潮,影响保温效果,在北方会导致内墙冬季结霜,雨水还可能渗透进墙体,导致内墙受潮变霉等,外挂墙板渗水有可能影响到连接件的耐久性,引起安全事故。外墙板接缝形式一般有以下两种情况。

无保温外挂墙板接缝构造如图 2-92 和图 2-93 所示。夹心保温板接缝构造如图 2-94 和图 2-95 所示。

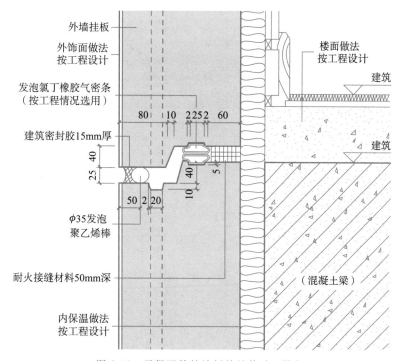

图 2-92　无保温外挂墙板接缝构造（纵向）

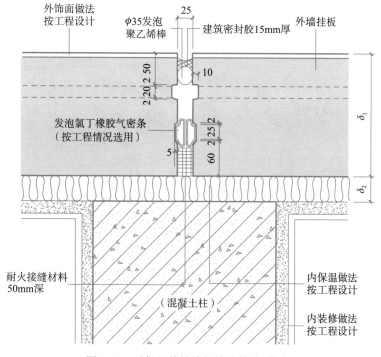

图 2-93　无保温外挂墙板接缝构造（横向）

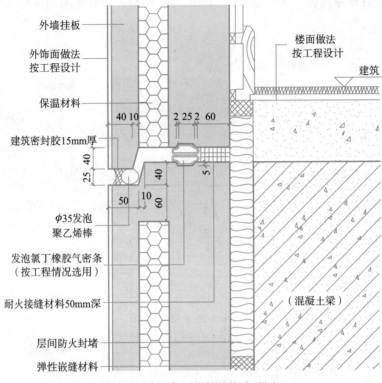

外墙挂板

外饰面做法
按工程设计

保温材料

建筑密封胶15mm厚

φ35发泡
聚乙烯棒

发泡氯丁橡胶气密条
（按工程情况选用）

耐火接缝材料50mm深

层间防火封堵

弹性嵌缝材料

楼面做法
按工程设计

建筑

（混凝土梁）

图 2-94　夹心保温板接缝构造（纵向）

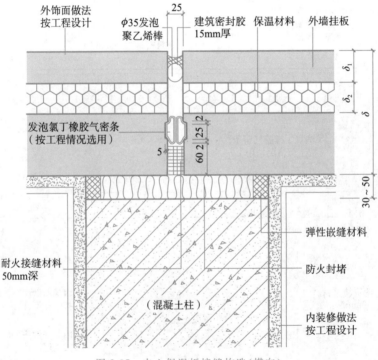

外饰面做法
按工程设计

φ35发泡
聚乙烯棒

建筑密封胶
15mm厚

保温材料

外墙挂板

发泡氯丁橡胶气密条
（按工程情况选用）

耐火接缝材料
50mm深

（混凝土柱）

弹性嵌缝材料

防火封堵

内装修做法
按工程设计

图 2-95　夹心保温板接缝构造（横向）

外墙板接缝施工要求如下:外挂墙板安装就位后,板缝室内外是相通的,对板缝处的保温、防水性能要求很高,在施工过程中要引起足够的重视。并且,外挂墙板之间禁止相互受力,因此,板缝控制及密封胶的选择非常关键。

(1)外挂墙板构件接缝在设计阶段应当设置三道防水处理,第一道为密封胶(图 2-96),第二道为构造防水,第三道为气密条(止水胶条),如图 2-97 所示。

图 2-96 打胶施工

图 2-97 止水胶条

(2)外挂墙板是自重构件,不能通过板缝进行传力,所以在施工时应保证四周空腔内不得混入硬质杂物。

(3)外挂墙板构件接缝有气密条(止水胶条)时,应在安装构件时粘结到构件上。

(4)密封胶应有较好的弹性,以适应构件的变形。

(5)外挂墙"十"字缝处 300mm 范围内,水平缝和垂直缝处的防水密封胶要一次完成。

(6)预制外墙板连接接缝防水节点基层及空腔排水构造做法应符合设计要求。

(7)板缝防水施工人员应经过培训合格后上岗,具备专业打胶资格和防水施工经验。

(8)封堵预制外墙板外侧水平、竖直接缝的防水密封胶前,应将侧壁清理干净,并保持干燥。嵌缝材料应与挂板牢固黏结,不得漏嵌和虚粘。

(9)板缝防水施工 72h 内要保持板缝处于干燥状态,禁止冬季气温低于 5℃ 或雨天进行板缝防水施工。

（10）外墙板接缝的防水性能应符合设计要求。同时，每 1000m² 外墙面积划分为一个检验批，不足 1000m² 时，也应划分为一个检验批；每 100m² 应至少抽查一处，每处不得少于 10m²，应对外墙板接缝的防水性能进行现场淋水试验。

2. 现场修补

1）装配式建筑的现场修补分类

混凝土修补：包括后浇混凝土浇筑后出现的质量缺陷修补，混凝土构件安装过程中破损修补，以及清水混凝土装饰表面外观缺陷的修补。

装饰一体化墙面的修补：包括石材反打修补、瓷砖反打修补、装饰混凝土表面修补。

2）混凝土修补方法

"麻面"修补：麻面是指混凝土表面的麻面，对结构无大影响，对外观没有过多要求时，通常不进行处理。

"蜂窝"修补：将蜂窝处及周边软弱部分混凝土凿除，并用高压水及钢丝刷等将结合面洗净。用水泥砂浆修补，水泥品种必须与原混凝土一致，砂子宜采用中粗砂，搅拌均匀后，按照抹灰工操作法，用抹子大力将抹浆密实压入蜂窝内，并认真刮平，在棱角部位用靠尺将棱角取值，确保外观一致。

"漏振"修补："漏振"处漏浆较少时，按麻面进行修复；漏浆严重时，按蜂窝处理。

"空鼓"修补：在墙板板处挖小坑槽，将混凝土压入，直至饱满无空鼓为止。

3）装饰一体化墙面的修补

如果有饰面产品的表面出现破损，修补很困难，而且不容易达到原来的效果，因此应该加强成品保护。

3. 表面处理

大多数 PC 构件的表面处理在工厂完成，如喷刷涂料、真石漆、乳胶漆等，在运输、工地存放和安装过程中，应注意成品保护；也有 PC 构件在安装后需要进行表面处理，如在运输和安装过程中清洗被污染的外围护构件表面，在清水混凝土构件表面涂刷透明保护涂料等；方法如下：装饰混凝土表面可用稀释的盐酸溶液（浓度低于 5%）进行清洗，再用清水将盐酸溶液冲洗干净；清水混凝土表面可采用清水或者 5% 的磷酸溶液进行清洗；构件表面处理可在"吊篮"作业，应自上而下进行。

1）真石漆工程施工

施工流程如下：草酸粉刷→底漆施工→真石漆施工→面漆施工，如图 2-98 所示。

（1）表面采用草酸粉刷清理墙面。

（2）底漆施工：施工人员在吊篮中施工，采用滚筒从一侧均匀粉刷，底漆封闭墙面碱性，提高面漆附着力，对面层性能及表面效果有较大影响，如图 2-99 所示。

（3）真石漆施工：采用漏斗喷枪喷涂，喷涂压力在 0.5～1.0Pa/cm²，根据样板要求选择合适的喷嘴，厚度为 1～2mm，涂抹两道，间隔 2h，干燥 24h 后打磨。喷涂前，先用 1cm 左右宽胶带按等间距粘贴在墙面上，喷涂时，喷枪应垂直于待喷涂面施工，距离约 60cm。在阴阳角施工过程中，喷涂时，特别注意不能一次喷厚，采用薄喷多层法，即表面干燥后重喷，喷枪距离为 80cm，喷涂完毕后撕掉胶带，形成间隔块，如图 2-100 和图 2-101 所示。

草酸粉刷

底漆施工

真石漆施工

面漆施工

图 2-98 真石漆工程施工

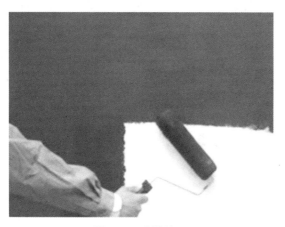

图 2-99 底漆施工

图 2-100 真石漆施工

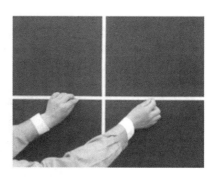

图 2-101 撕除胶带

（4）采用面层施工：采用滚筒粉刷方法，面漆是体系中最后的涂层，具有装饰功能，且可抗拒环境侵害，如图 2-102 所示。

图 2-102　面层施工

2）刮腻子

刮腻子施工有以下注意事项（图 2-103）。

（1）应掌握好刮涂时工具的倾斜度，用力均匀，以保证腻子饱满。

（2）为避免腻子收缩过大，出现开裂和脱落，一次不可刮涂过厚，根据不同腻子点，厚度以 0.5mm 为宜。不要过多地往返刮涂，以免出现卷皮脱落，或因将腻子中料挤出封住表面而不易干燥。

（3）用油灰刀填要填实、填满，基层有洞和裂缝时，用食指压紧刀片，用力将腻子压进缺陷内，将四周的腻子刮干净，尽量减少腻子的痕迹。

油灰刀

铁抹子

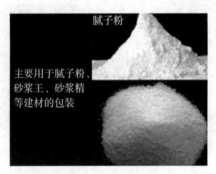

腻子粉

图 2-103　刮腻子工具及材料

【项目考核/评价】

(1) 请根据项目完成情况,完成学习自我评价,将评价结果填入表 2-57。

表 2-57　学习成果自评表

班级:　　　　　姓名:　　　　　学号:　　　　　所在组:		
所在项目	项目 2.4　预制混凝土外墙防水密封	
工作任务	任务 2.4.1　预制剪力墙外墙封缝打胶	
评 价 项 目	分值	得分
学习内容掌握程度	30	
工作贡献度	20	
课堂表现	20	
成果质量	30	
合　计	100	

(2) 学习小组成员根据工作任务开展过程及结果进行互评,将评价结果填入表 2-58。

表 2-58　学习小组互评表

所在项目		项目 2.4　预制混凝土外墙防水密封								
工作任务		任务 2.4.1　预制剪力墙外墙封缝打胶								
组号										
评价项目	分值	等　　级				评价对象(序号)				
						组长	1	2	3	4	5
工作贡献	20	优(20)	良(16)	中(12)	差(8)					
工作质量	20	优(20)	良(16)	中(12)	差(8)					
工作态度	20	优(20)	良(16)	中(12)	差(8)					
工作规范	20	优(20)	良(16)	中(12)	差(8)					
团队合作	20	优(20)	良(16)	中(12)	差(8)					
合　计	100									

(3) 教师根据学生工作过程与工作结果进行评价,并将评价结果填入表 2-59。

表 2-59　教师综合评价表

班级:　　　　　姓名:　　　　　学号:　　　　　所在组:			
所在项目	项目 2.4　预制混凝土外墙防水密封		
工作任务	任务 2.4.1　预制剪力墙外墙封缝打胶		
评价项目	评 价 标 准	分值	得分
考勤(10%)	无无故迟到、早退、旷课现象	10	

续表

评价项目	评 价 标 准		分值	得分
工作过程 （50%）	任务 2.4.1 完成情况	任务成果情况及过程表现	30	
	任务参与度	积极参与工作中的各项内容	5	
	工作态度	态度端正，工作认真、主动	5	
	团队协作	能与小组成员合作交流、协调配合	5	
	职业素质	能够做到遵纪守法、安全生产、爱护公共设施、保护环境	5	
项目成果 （40%）	工作完整	能按时完成任务	5	
	工作规范	能按规范开展工作任务	5	
	内容正确	工作内容的准确率	15	
	成果效果	工作成果的合理性、完整性等	15	
合　计			100	
综合评价	自评（20%）	小组互评（30%）	教师评价（50%）	综合得分

模块 3 装配式建筑工程管理

项目 3.1 预制混凝土构件的运输管理

项目介绍

预制混凝土构件的运输与保护是指构件在施工现场的水平运输、二次搬运以及构件现场的存放保护,是装配式建筑吊装作业前的一个环节,对装配式建筑吊装作业的施工效率和施工质量有较大的影响。

学习目标

知识目标

(1) 熟悉预制构件工地水平运输的技术要求。

(2) 掌握预制混凝土构件的现场存放及保护。

技能目标

(1) 掌握预制构件工地水平运输的技术要求。

(2) 掌握预制混凝土构件的现场存放及保护方法。

素质目标

(1) 树立严谨的工作作风。

(2) 培养团队协作能力。

案例引入

装配式混凝土构件在构件加工厂生产完成后,运至施工现场。吊装前,应用专用存板架集中存放。堆放预制构件时,应考虑便于吊升及吊升后的就位,特别是大型构件,例如房屋建筑中的柱、屋架、桥梁工程中的箱梁、桥面板等,应做好构件堆放的布置图,以便一次吊升就位,减少起重设备负荷开行。对于小型构件,则可考虑将其布置在大型构件之间,也应以便于吊装、减少二次搬运为原则。但小型构件通常采用随吊随运的方法,以便减少占用施工场地。

任务 3.1.1　预制混凝土构件的运输及保护

【任务描述】

预制混凝土构件的运输和保护是构件从预制生产到安装施工中间的衔接环节。本任务的主要目标是学习预制混凝土构件运输过程中的要求,确保构件不会发生损坏。具体任务见表 3-1。

表 3-1　工作任务表

任务清单
1. 了解各类装配式构件的运输和保护要求; 2. 掌握预制混凝土构件的运输流程。

【任务分组】

请完成本任务分组,并将分组情况填入表 3-2。

表 3-2　工作分组表

工作分组				
班级		组号		指导老师	
组长		学号			
组员	序号	姓名	学号	任务分工

【工作准备】

(1)阅读工作任务书,完成学习分组,仔细阅读本任务相关资料。

(2)结合预制混凝土构件的受力特点和运输机械的特性,分析运输不同预制构件时应注意的事项。

【工作实施】

根据要求,完成表 3-3 中的工作任务。

表 3-3　工作实施表

序号	引 导 问 题	你的回答
1	在运输较大尺寸预制构件时,对车辆、道路、场地等方面有哪些要求?	

续表

序号	引 导 问 题	你的回答
2	在运输预制柱、梁时,应注意哪些问题?	
3	在运输预制墙板构件时,应注意哪些问题?	
4	在运输预制楼板、叠合板时,应注意哪些问题?	
5	在运输预制楼梯时,应注意哪些问题?	
6	在运输预制阳台板、空调板等其他预制构件时,应注意哪些问题?	

【思考题】

为了保护预制构件,装配式建筑施工现场管理方面应作出哪些规定?

【任务考核/评价】

教师根据学生的工作过程与工作结果进行评价,并将评价结果填入表 3-4。

表 3-4 任务考核评价表

班级：   姓名：   学号：   所在组：

所在项目		项目 3.1 预制混凝土构件的运输管理		
工作任务		任务 3.1.1 预制混凝土构件的运输及保护		
评价项目		评 价 标 准	分值	得分
任务考核 （80%）	在运输较大尺寸预制构件时，对车辆、道路、场地等方面的要求	描述内容是否完整、准确	20	
	在运输预制柱、梁时应注意的问题	描述内容是否完整、准确	10	
	在运输预制墙板构件时应注意的问题	描述内容是否完整、准确	10	
	在运输预制楼板、叠合板时应注意的问题	描述内容是否完整、准确	10	
	在运输预制楼梯时应注意的问题	描述内容是否完整、准确	10	
	在运预制阳台板、空调板等其他预制构件时应注意的问题	描述内容是否完整、准确	10	
	在运输较大尺寸预制构件时，对车辆、道路、场地等方面的要求	描述内容是否完整、准确	10	
过程表现 （20%）	任务参与度	积极参与工作中的各项内容	5	
	工作态度	态度端正，工作认真、主动	5	
	团队协作	能与小组成员合作交流、协调配合	5	
	职业素质	能够做到遵纪守法、安全生产、爱护公共设施、保护环境	5	
合　计			100	

【相关知识】

1. 预制构件工地水平运输

需重点策划运输路线，关注沿途限高（如天桥下机动车道限高 4.5m，非机动车道限高 3.1m）、限行规定（如特定时段无法驶入市区）、路况条件（如是否存在转弯半径无法满足要求情况）等，最好进行实际线路勘查，避免由于道路原因造成运输降效或者影响施工进度。

应对构件运输过程中稳定构件的措施提出明确要求，确保构件运输过程中的完好性。

预制构件工地水平运输分为以下两种情况。

微课：预制混凝土构件运输与存放

（1）从预制构件厂到施工现场的车辆,在施工现场直接运输构件的情况。

（2）施工现场内存放的备用预制构件不在起重机覆盖范围内的二次运输情况。

由于预制构件体积较大,车辆负载较重、车身较长、运输频率较高,所以以上两种情况对工地道路都有一定的要求。

2. 道路运输规范要求

预制构件在运输过程中应做好安全与成品防护,并应符合下列规定。

（1）如现场道路通畅,严禁掉头。

（2）最小转弯半径保证 16m 拖挂车转弯达到 90°。

（3）综合考虑各作业同时施工,保证错车运输,尽量避免卸货车与混凝土罐车同时作业。

（4）应根据预制构件种类采取可靠的固定措施。

（5）对于超高、超宽、形状特殊的大型预制构件的运输和存放,应制订专门的质量安全保证措施。

（6）运输时,应采取以下防护措施。

① 设置柔性垫片,避免预制构件边角部位或链锁接触处的混凝土损伤。

② 用塑料薄膜包裹垫块,避免预制构件外观污染。

③ 墙板门窗框、装饰表面和棱角采用塑料贴膜或其他措施防护。

④ 竖向薄壁构件设置临时防护支架。

⑤ 装箱运输时,箱内四周采用木材或柔性垫片填实,支撑牢固。

（7）应根据构件特点采用不同的运输方式,应专门设计托架、靠放架、插放架,并进行强度、稳定性和刚度验算。

① 外墙板宜采用立式运输,外饰面层应朝外,梁、板、楼梯、阳台宜采用水平运输。

② 采用靠放架立式运输时,构件与地面倾斜角度宜大于 80°,构件应对称靠放,每侧不大于 2 层,构件层间上部采用木垫块隔离。

③ 采用插放架直立运输时,应采取防止构件倾斜的措施,构件之间应设置隔离垫块。

④ 水平运输时,预制梁、柱构件叠放不宜超过 3 层,板类构件叠放不宜超过 6 层。

3. 构件二次运输的准备工作

构件运输的准备工作主要包括制订运输方案、设计并制作运输架、验算构件强度、清查构件及查看运输路线。

1）制订运输方案

此环节需要根据运输构件实际情况,装卸车现场及运输道路的情况,施工单元或当地的起重机械和运输车辆的供应条件及经济效益等因素综合考虑,最终选定运输方法,选择起重机械（装卸构件用）、运输车辆和运输路线。对于运输线路,应按照客户确定的地点及货物的规格和质量制订特定的路线,确保运输条件与实际情况相符。

2）设计并制作运输架

根据构件的质量和外形尺寸进行设计制作,且尽量考虑运输架的通用性。对于内外墙板和 PCF 板等竖向构件,应多采用立式运输方案,如图 3-1（a）所示;对于叠合板、阳台板、楼梯、装饰板等水平构件,应多采用平层叠放运输方式,如图 3-1（b）所示。

（a）预制剪力墙运输架　　　　　　　（b）叠合板运输架

图 3-1　预制构件运输架示意图

3）验算构件强度

对钢筋混凝土屋架和钢筋混凝土柱等构件，根据运输方案所确定的条件，验算构件在最不利界面处的抗裂度，避免在运输中出现裂缝。如有出现裂缝的可能，应进行加固处理。

4）清查构件

运输前，应清查构件的型号、质量及数量，确认无误后再实施装车。

5）查看运输路线

在制订方案时，要实地考察并记录沿途上空有无障碍物等，指定出最佳的顺畅路线，注明需要注意的地方。如不能满足车辆顺利通行，应及时采取措施。

4. 预制混凝土构件的存放和保护

1）构件存放要求

《装配式混凝土建筑技术标准》（GB/T 51231—2016）对预制构件的存放的规定作出如下要求。

（1）存放场地应平整、坚实，并应有排水措施。

（2）存放库区宜实行分区管理和信息化台账管理。

（3）应按照产品品种、规格型号、检验状态分类存放，产品标识应明确、耐久，预埋吊件应朝上，标识应向外。

（4）应合理设置垫块支点位置，确保预制构件存放稳定，支点宜与起吊点位置一致。

（5）与清水混凝土面接触的垫块应采取防污措施。

（6）预制构件多层叠放时，每层构件间的垫块应上下对齐；预制楼板、叠合板、阳台板和空调板等构件宜平放，叠合层数不宜超过 6 层；长期存放时，应采取措施控制预应力构件起拱值和叠合板扭曲变形。

（7）预制柱、梁等组长构件直平放，且有两条垫木支撑。

（8）预制内外墙板、挂板宜采用专用支架直立存放，支架应有足够的强度和刚度；薄弱构件、构件薄弱部位和门窗洞口应采取防止开裂的临时加固措施。

2）构件存放方式

构件应根据构件的刚度、受力情况及外形尺寸采取平放或立放的方式。装配式墙板类构件应采取立放的方式存放在专用的固定架上；板类构件一般应采用叠层平放，对宽度小于或等于 500mm 的板，宜采用通长垫木；大于 500mm 的板可采用不通长的垫木。垫木应上下对齐,在一条垂直线上;大型桩类构件宜平放。薄腹梁、屋架、桁架等宜立放。当构件的断面高宽比大于 2.5 时,堆放时下部应加支撑或有坚固的堆放架,上部应拉牢固定,以免倾倒。墙板类构件宜立放,立放又可分为插放与靠放两种方式。插放时,场地必须清理干净,插放架必须牢固,挂钩工应扶稳构件,垂直落准;靠放时,应有牢固的靠放架,必须对称靠放和吊运,其倾斜角度应保持大于 80°,板的上部应用垫块隔开。构件的最多堆放层数应按照构件强度、地面耐压力、构件形状和质量等因素确定,如图 3-2～图 3-5 所示。

图 3-2　叠合板的存放

图 3-3　预制墙板的存放

图 3-4　预制楼梯的存放

图 3-5　预制阳台板的存放

5. 构件的存放方案

构件的存储方案主要包括确定预制构件的存储方式、设定制作存储货架、计算构件的存储场地和相应辅助物料需求。

(1) 构件存储方式:根据预制构件的外形尺寸(叠合板、墙板、楼梯、梁、柱、飘窗、阳台等),可以把预制构件的存储方式分成叠合板、墙板专用存放架存放以及楼梯、梁、柱、飘窗、阳台叠放等储存方式。

(2) 构件存储的货架要求:根据预制构件的质量和外形尺寸进行设计制作,且尽量考虑运输架的通用性。

(3) 计算构件的存储场地:根据项目包含构件的大小、方量、存储方式、调板、装车便捷及场地的扩容性情况,划定构件存储场地,计算出对存储场地的面积需求。

（4）相应附件：根据构件的大小、方量、存储方式计算出相应辅助物料需求（存放架、木方、槽钢等）数量。

6. 预制构件主要存放形式

1）叠合楼板的位置

叠合板存放应放在指定的存放区域，存放区域地面应保证水平。叠合板需分型号码放，水平放置。第一层叠合楼板应放置在 H 型钢（型钢长度根据通用性一般为 3000mm）上，保证存放桁架与型钢垂直，型钢距构件边 500～800mm。层间用 4 块 100mm×100mm×250mm 的方木隔开，四角的 4 个方位平行于型钢放置，存放层数不超过 8 层，高度不超过 1.5m，如图 3-6 所示。

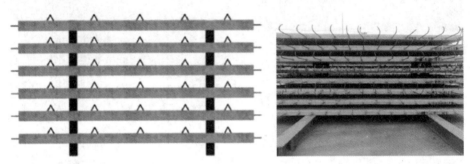

图 3-6　叠合板存放要求

2）墙板构件立方专用形式

墙板采用立放专用存放存储，墙板宽度小于 4m 时，应在墙板下部垫 2 块 100mm×100mm×250mm 木方，两端距墙边 300mm 处各一块木方。墙板宽度大于 4m 时，带门口洞下部垫 3 块 100mm×100mm×250mm 木方，两端距墙边 300mm 处各一块木方，墙体重心位置处放置一块方木，如图 3-7 所示。

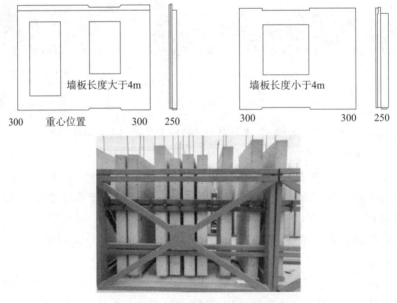

图 3-7　预制墙板存放要求

3）楼梯存放

楼梯应存放在指定的区域，应保证存放区域地面水平。楼梯应分型号码放。楼梯左、右两端第二个、第三个踏步位置应垫 4 块 100mm×100mm×500mm 木方，距离前、后两侧为 250mm，保证各层间木方水平投影重合，存放层数不超过 6 层，如图 3-8 所示。

图 3-8　预制楼梯存放要求

4）梁的存放

梁应存放在指定的区域，存放区域地面应保证水平，需分型号放置。第一层梁应放置在 H 型钢（型钢长度根据通用性一般为 3000mm）上，保证长度方向与型钢垂直，型钢距钢件边 500～800mm，长度过长时应在中间间距 4m 放置在一个 H 型钢，根据构件长度和质量最高叠放 2 层。层间用 2 块 100mm×100mm×500mm 的木方隔开，保证各层间木方水平投影重合于 H 型钢，如图 3-9 所示。

图 3-9　预制梁存放要求

5）柱的存放

柱子应存放在指定区域，地面应保持水平。柱需分型号码放、水平放置。第一层柱应放置在 H 型钢（型钢长度根据通用性一般为 3000mm）上，保证长度方向与型钢垂直，型钢距构件边 500～800mm，长度过长时应在中间间距 4m 放置在一个 H 型钢，根据构件长度和质量最高叠放 3 层。层间用 2 块 100mm×100mm×500mm 的木方隔开，保证各层间木方水平投影重合于 H 型钢，如图 3-10 所示。

6）飘窗的存放

飘窗采用立放专用存放架存储，下部垫 3 块 100mm×100mm×250mm 木方，两端距墙边 300mm 处各一块方木，墙体重心位置处一块，如图 3-11 所示。

图 3-10　预制柱存放要求

图 3-11　预制飘窗板存放要求

7）异型构件的存放

对于一些异型构件要根据其质量和外形尺寸的实际情况合理划分存放区域及存放形式，避免因损伤和变形造成构件质量缺陷，如图 3-12 所示。

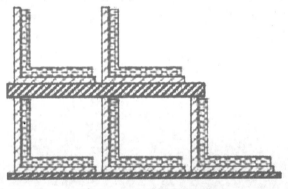
图 3-12　异型构件存放要求

7. 构件存放主要事项

堆放构件场地应平整坚实，并具有施工排水措施，堆放构件时，应使构件与地面之间留有一定空隙。

堆放场地地面必须平整坚实，排水良好，以防构件因地面不均匀下沉而造成倾斜或倾倒摔坏。

构件应按工程名称、构件型号、吊装顺序分别堆放。堆放的位置必须在起重机范围以内。

对于侧向刚度差、重心较高、支承面较窄的构件，应使用专业存放架存放。

成垛堆放或叠层堆放的构件，用 100mm×50mm 的长方木垫隔开。各层垫木的位置应紧靠吊环外侧，并同在一条垂直线上。

构件叠层堆放时,必须将各层的支点垫实,并应根据地面耐压力确定下层构件的支垫面积,如一个垫点用一根道木不够时,可用两根道木。

工程的施工现场面积有限,因此需对场内道路设置、水平运输、垂直运输进行合理安排。

提前策划现场存放模板数量,要求构件厂上报构件配车方案;确保现场无施工降效,同时尽量保证构件厂满车运输。

8. 预制构件的成品保护

(1)预制构件成品应符合以下规定。

预制构件成品外露保温板应采取防止开裂措施,外露钢筋应采取防弯折措施,外露预埋件和连接件等外露金属件应按不同环境类别进行防护或防腐、防锈。

采取保证吊装前预埋螺栓孔清洁的措施。

钢筋连接套筒、预埋孔洞应采取防止堵塞的临时封堵措施。

露骨料粗糙面冲洗完成后,应对灌浆套筒的灌浆孔和出浆孔进行透光检查,并清理灌浆套筒内的杂物。

冬季生产和存放的预制构件的非贯穿孔洞应采取措施,以防止因雨雪水进入而发生冻胀损坏。

(2)在运输预制构件的过程中,应做好安全和成品防护,并应符合下列规定。

应根据预制构件种类采取可靠的固定措施。

对于超高、超宽、形状特殊的大型预制构件的运输和存放,应制订专门的质量安全保证措施。

运输时,要采取如下防护措施:设置柔性垫片,避免预制构件边角部位或链索接触处的混凝土损伤;用塑料薄膜包裹垫块,避免预制构件外观污染;墙板门窗框、装饰表面和棱角采用塑料贴膜或其他措施防护;对竖向薄壁构件设置临时防护支架;装箱运输时,箱内四周采用木材和柔性垫片填实、支撑牢固。

应根据构件特点采用不同的运输方式,托架、靠放架、插放架应进行专门设计,并进行强度、稳定性和刚度的验算。外墙板宜采用直立式运输,外饰面层应朝外,梁、板、楼梯、阳台宜采用水平运输。采用靠放架立式运输,外饰面与地面倾角宜大于 $80°$,构件应对称靠放,每层不大于 2 层,构件层间上部采用垫块隔开。采用插放架直立运输时,应采取防止构件倾倒措施,构件之间应设置隔离垫块。水平运输时,预制梁、柱构件叠放不宜超过 3 层,板类构件叠放不宜超过 6 层。

(3)对于安装施工时的成品保护,应符合以下规定。

交叉作业时,应做好工序交接,不得对已完成工序的成品、半成品造成破坏。

在装配式混凝土建筑施工全过程中,应采取防止构件、部品及预制构件上的建筑附件、预埋铁、预埋吊件等损伤或污染的保护措施。

预制构件上的饰面砖、石材、涂刷、门窗等处宜采用贴膜保护或其他专业材料保护。安装完成后,应采用槽型木框保护门窗框。

连接止水条、高低口、墙体转角等薄弱部位,应采用定型保护垫块或专用套件进行加强保护。

　　预制楼梯饰面层应采用铺设木板或其他覆盖形式的成品保护措施,楼梯安装结束后,踏步口宜铺设木条或其他覆盖形式保护。

　　遇有大风、大雨、大雪等恶劣天气时,应采取有效措施对存放预制构件成品进行保护。

　　装配式混凝土建筑的预制构件和部品在安装施工过程、施工完成后,不应受到施工机具的碰撞。

　　施工梯架、工程用的物料等不得支撑、顶压或斜靠在部品上。

　　当进行混凝土地面等施工时,应防止物料污染、损坏预制构件和部品表面。

【项目考核/评价】

(1)请根据完成任务完成情况,完成学习自我评价,将评价结果填入表 3-5。

表 3-5　学习成果自评表

班级:		姓名:		学号:		所在组:	
所在项目			项目 3.1　预制混凝土构件的运输管理				
评 价 项 目			分值			得分	
学习内容掌握程度			30				
工作贡献度			20				
课堂表现			20				
成果质量			30				
合 计			100				

(2)学习小组成员根据工作任务开展过程及结果进行互评,将评价结果填入表 3-6。

表 3-6　学习小组互评表

所在项目		项目 3.1　预制混凝土构件的运输管理									
组号											
评价项目	分值	等　　级				评价对象(序号)					
						组长	1	2	3	4	5
工作贡献	20	优(20)	良(16)	中(12)	差(8)						
工作质量	20	优(20)	良(16)	中(12)	差(8)						
工作态度	20	优(20)	良(16)	中(12)	差(8)						
工作规范	20	优(20)	良(16)	中(12)	差(8)						
团队合作	20	优(20)	良(16)	中(12)	差(8)						
合 计	100										

(3)教师根据学生工作过程与工作结果进行评价,并将评价结果填入表 3-7。

表 3-7 教师综合评价表

班级：		姓名：	学号：		所在组：	
所在项目		项目 3.1 预制混凝土构件的运输管理				
评价项目		评 价 标 准			分值	得分
考勤(10%)	无无故迟到、早退、旷课现象				10	
工作过程 (50%)	任务 3.1.1 完成情况		任务成果情况及过程表现		30	
	任务参与度		积极参与工作中的各项内容		5	
	工作态度		态度端正，工作认真、主动		5	
	团队协作		能与小组成员合作交流、协调配合		5	
	职业素质		能够做到遵纪守法、安全生产、爱护公共设施、保护环境		5	
项目成果 (40%)	工作完整		能按时完成任务		5	
	工作规范		能按规范开展工作任务		5	
	内容正确		工作内容的准确率		15	
	成果效果		工作成果的合理性、完整性等		15	
合　计					100	
综合评价	自评(20%)		小组互评(30%)	教师评价(50%)	综合得分	

项目 3.2　装配式建筑工程管理

项目介绍

本项目主要介绍装配式建筑工程需要从施工环节、人员环节、材料和机械环节等方面进行严格和规范的管理。在管理过程中，最重要的是做好管理协调，包括管理人员与施工方、设计人员以及验收人员的协调，以做好构配件的质量管理工作，同时做好设计方案和图纸方案的交底工作，并确保工程验收顺利完成。通过学习本项目，学生能够对装配式工程的质量控制与安全管理有一定的认知。

学习目标

知识目标

(1) 了解装配式建筑工程质量控制的概念及控制依据。

(2) 了解装配式建筑工程的安全施工措施及安全生产管理。

(3) 了解预制构件成品的出场质量检验及管理。

技能目标

(1) 能够发现并解决装配式建筑工程中存在的问题。

(2) 能够将影响装配式建筑工程管理的因素进行分类，并找出解决方案。

素质目标

(1) 熟悉建筑工程现场管理组织工作。

(2) 熟悉建筑工程施工现场的管理制度及流程。

案例引入

　　某市地标性商业建筑采用装配式混凝土框架结构和骨架板材,由柱、梁组成承重框架,再搁置楼板和非承重的内外墙板,抗震设防烈度为 7 度,结构抗震等级为二级。总建筑面积约为 $10 \times 10^4 \, \text{m}^2$,其中地下 2 层,地上 1～3 层为商业,4 层以上分两个主楼,1 号楼的建筑高度为 62m,2 号楼的建筑高度为 96m,装配率达 45% 左右。其中,水平构件及竖向构件均采用灌浆套筒连接方式。该项目技术员现场需要对运输进场的预制混凝土剪力墙等构件进行检验,其预制构件如图 3-13 所示。

图 3-13　进场预制构件对方示意图

任务 3.2.1　工程质量控制

【任务描述】

　　建设工程质量控制是指在实现工程建设项目目标的过程中,为满足项目总体质量要求而采用的生产施工与监督管理等活动。质量控制不仅关系到工程的成败、进度的快慢、投资的多少,而且直接关系到国家财产和人民生命安全。因此,装配式混凝土建筑必须严格保证工程质量控制水平,确保工程质量安全。本任务具体内容如表 3-8 所示。

表 3-8　工作任务表

任务清单
1. 了解工程质量控制的概念和特点;
2. 了解装配式混凝土工程质量控制的依据;
3. 了解影响装配式混凝土结构工程质量的因素。

【任务分组】

　　请完成本任务分组,并将分组情况填入表 3-9。

表 3-9　工作分组表

工作分组						
班级			组号		指导老师	
组长			学号			
组员		序号	姓名	学号	任务分工	

【工作准备】

建设工程质量简称工程质量,是指建设工程满足相关标准规定和合同约定要求的程度,包括其在安全、使用功能以及在耐久性能、节能与环境保护等方面所有明示和隐含的固有特性。随着装配式混凝土结构技术的应用和发展,其与普通混凝土结构相比有更为突出的优点和特点,但在施工质量检查中要有据可循、依据执行。请你通过查阅文献资料、媒体资源、听课、讨论等方式获取相关资料,并完成表 3-10 中的知识技能确认。

表 3-10　知识技能确认单

序号	知识点与技能点	你的回答	评价
1	装配式混凝土建筑工程有哪些质量控制依据?		
2	哪些因素影响装配式混凝土结构工程质量?		

【工作实施】

在完成知识学习后,结合其他资源,以小组的形式完成表 3-11 中的任务。

表 3-11　工作实施表

序号	引 导 问 题	你的回答
1	与传统的现浇结构工程相比,装配式混凝土结构工程在质量控制方面有哪些特点?	

续表

序号	引 导 问 题	你的回答
2	装配式混凝土建筑工程有哪些质量控制依据？	
3	哪些因素影响装配式混凝土结构工程质量？	

【思考题】

为了提高装配式建筑建设过程管理的效率，还有哪些好方法？

【任务考核/评价】

教师根据学生工作过程与工作结果进行评价，并将评价结果填入表 3-12。

表 3-12　任务考核评价表

班级：　　　　姓名：　　　　学号：　　　　所在组：

所在项目	项目 3.2　装配式建筑工程管理			
工作任务	任务 3.2.1　工程质量控制			
评价项目	评 价 标 准		分值	得分
任务考核（80%）	装配式混凝土结构工程的质量控制特点	描述内容是否准确、完整	25	
	装配式混凝土建筑工程质量控制依据	描述内容是否准确、完整	25	
	影响装配式混凝土结构工程质量的因素	描述内容是否准确、完整	30	
过程表现（20%）	任务参与度	积极参与工作中的各项内容	5	
	工作态度	态度端正，工作认真、主动	5	
	团队协作	能与小组成员合作交流、协调配合	5	
	职业素质	能够做到遵纪守法、安全生产、爱护公共设施、保护环境	5	
合　计			100	

【相关知识】

1. 质量控制

与传统的现浇结构工程相比，装配式混凝土结构工程在质量控制方面具有以下特点。

1）质量管理工作前置

由于装配式混凝土建筑的主要结构构件在工厂内加工制作，装配式混凝土建筑的质量管理工作从工程现场前置到预制构件厂。建设单位、构件生产单位、监理单位应根据构件生产质量要求,在预制构件生产阶段即对预制构件生产质量进行控制。

微课:装配式
建筑工程管理

2)设计更加精细化

对于设计单位而言,为降低工程造价,应尽可能减少预制构件的规格、型号;由于采用工厂预制、现场拼装以及水电管线等应提前预埋,对施工图的精细化要求更高。因此,相对于传统的现浇结构工程,设计质量对装配式混凝土建筑工程的整体质量影响更大。设计人员需要进行更精细的设计,才能保证生产和安装的准确性。

3)工程质量更易于保证

由于采用精细化设计、工厂化生产和现场机械拼装,构件的观感、尺寸变化都比现浇结构更易于控制,强度稳定,避免了规格、结构质量通病的出现。因此,装配式混凝土建筑工程更易于控制和保证质量。

4)信息化技术应用

随着互联网技术的不断发展,数字化管理已成为装配式混凝土建筑质量管理的一项重要手段。尤其是 BIM 技术的应用,使质量管理过程更加透明、细致、可追溯。

2. 装配式混凝土建筑工程质量控制依据

质量控制的主体包括建设单位、设计单位、项目管理单位、监理单位、构件生产单位、施工单位以及其他材料的生产单位等。

质量控制方面的依据主要分为以下几类,不同的单位根据自己的管理职责依据不同的管理依据进行质量控制。

1)工程合同文件

建设单位与设计单位签订的设计合同,与施工单位签订的安装施工合同,以及与生产厂家签订的构件采购合同,都是装配式混凝土建筑工程质量控制的重要依据。

2)工程勘察设计文件

工程勘察包括工程测量、工程地质和水文地质勘察等内容。工程勘察成果文件是工程项目选址、工程设计和施工中科学可靠的依据。工程设计文件包括经过批准的设计图纸、技术说明、图纸会审、工程设计变更以及设计洽商、设计处理意见等。

3)有关质量管理方面的法律法规、部门规章与规范性文件

法律:《中华人民共和国建筑法》《中华人民共和国招标投标法》《中华人民共和国节约能源法》《中华人民共和国消防法》等。

行政法规:《建设工程质量管理条例》《建设工程安全生产管理条例》《民用建筑节能条例》等。

部门规章:《建筑工程施工许可管理办法》《实施工程建设强制性标准监督规》。

规范性文件。

4)质量标准与技术规范(规程)

近几年装配式混凝土建筑兴起,国家及地方针对装配式混凝土建筑工程制定了大量的标准。这些标准主要是为装配式混凝土建筑质量的控制提供重要依据。我国的工程质量标准分为国家标准、行业标准、地方标准和企业标准,国家标准的法律效力要高于行业标

准、地方标准和企业标准。现行的工程质量标准参照国家标准《装配式混凝土建筑技术标准》(GB/T 51231—2016),行业标准《装配式混凝土结构技术规程》(JGJ 1—2014)。如有矛盾之处,以《装配式混凝土建筑技术标准》(GB/T 51231—2016)为准。此外,适用于混凝土结构工程的各类标准同样适用于装配式混凝土建筑工程。

3. 影响装配式混凝土结构工程质量的因素

影响装配式混凝土结构工程质量的因素很多,归纳起来主要有五个方面,即人、材料、机械、方法和环境。

1) 人员素质

人是生产经营活动的主体,也是工程项目建设的决策者、管理者、操作者,工程建设的全过程都是由人来完成的。人员素质将直接或间接决定工程质量的好坏。装配式混凝土建筑工程具有机械化水平高、批量生产、安装精度高等特点,对人员的素质尤其是生产加工和现场施工人员的文化水平、技术水平及组织管理能力都有更高的要求。普通的进城务工人员已不能满足装配式混凝土建筑工程的建设需要。因此,培养高素质的产业化工人,是确保建筑产业现代化向前发展的必然趋势。

2) 工程材料

工程材料是指构成工程实体的各类建筑材料、构配件、半成品等,是工程建设的物质条件,是工程质量的基础。装配式混凝土建筑是由预制混凝土构件或部件通过各种可靠的方式连接,并与现场后浇混凝土形成整体的混凝土结构。因此,与传统的现浇结构相比,预制构件、灌浆料及连接套筒的质量是装配式混凝土建筑质量控制的关键,预制构件混凝土强度、钢筋设置、规格尺寸是否符合设计要求,力学性能是否合格,运输保管是否得当,灌浆料和连接套筒的质量是否合格等,都将直接影响工程的使用功能、结构安全、使用安全乃至外表、观感等。

3) 机械设备

装配式混凝土建筑采用的机械设备可分为三类:第一类是工厂内生产预制构件的工艺设备和各类机具,如各类模具、模台、布料机、蒸养室等,简称为生产机具设备;第二类是施工过程中使用的各类机具设备,包括大型垂直与横向运输设备、各类操作工具、各种施工安全设施,简称为施工机具设备;第三类是生产和施工中都会用到的各类测量仪器和计量器具等,简称为测量设备。不论是生产机具设备,施工机具设备还是测量设备,都对装配式混凝土结构工程的质量有非常重要的影响。

4) 作业方法

作业方法是指施工工艺、操作方法、施工方案等。在加工混凝土结构构件时,为了保证构件的质量,或受客观条件制约,需要采用特定的加工工艺,不适合的加工工艺可能会造成构件质量的缺陷、生产成本增加或工期拖延等;在现场安装过程中,吊装顺序、吊装方法都会直接影响安装的质量。装配式混凝土结构的构件主要通过节点连接,因此,节点连接部位的施工工艺是装配式结构的核心工艺,对结构安全起决定性影响。采用新技术、新工艺、新方法,不断提高工艺技术水平,是保证工程质量稳定提高的重要因素。

5) 环境条件

环境条件是指对工程质量特性起重要作用的环境因素,包括以下环境:自然环境,如工程地质、水文、气象等；作业环境，如施工作业面大小、防护设施、通风照明和通信条件等；工程管理环境，主要是指工程实施的合同环境与管理关系的确定，组织体制及管理制度等；周边环境，如工程邻近的地下管线、建(构)筑物等。环境条件往往会对工程质量产生特定的影响。

任务 3.2.2 工程安全施工措施和安全管理

【任务描述】

安全管理是为施工项目实现安全生产而开展的管理活动。施工现场的安全管理，重点是控制人的不安全行为与物的不安全状态，落实安全管理决策与目标，以消除一切事故、避免事故伤害、减少事故损失为管理目的。安全管理措施是安全管理的方法与手段，管理的重点是对生产各因素状态进行约束与控制，根据施工生产的特点，带有鲜明的行业特色。本任务的具体内容如表 3-13 所示。

表 3-13 工作任务表

任务清单
1. 了解模具组装的质量检查要求；
2. 了解钢筋成品、钢筋桁架的质量检查要求；
3. 了解隐蔽工程验收的程序及要求；
4. 了解工程安全管理的内容。

【任务分组】

请完成本任务分组，并将分组情况填入表 3-14。

表 3-14 工作分组表

工作分组				
班级		组号		指导老师	
组长		学号			
组员	序号	姓名	学号	任务分工

【工作准备】

本工程施工过程中，现场建立以项目经理为首的项目部安全生产管理小组，以及由公司至项目经理部、各职能部门至各专业班组的安全施工责任保证体系。

请你通过查阅文献资料、媒体资源、听课、讨论等方式获取相关资料，并完成表 3-15 中的知识技能确认。

表 3-15　知识技能确认单

序号	知识点与技能点	你的回答	评价
1	说一说模具组装有哪些质量检查要求？		
2	说一说钢筋成品、钢筋桁架有哪些质量检查要求？		
3	说一说隐蔽工程有哪些验收要求？		
4	说一说施工安全管理包括哪些方面？如何落实？		

【工作实施】

在完成知识学习后，结合其他资源，以小组的形式完成表 3-16 中的工作任务。

表 3-16　工作实施表

序号	引导问题	你的回答
1	模具组装有哪些质量检查要求？	
2	钢筋成品、钢筋桁架有哪些质量检查要求？	
3	隐蔽工程验收有哪些要求？	
4	施工安全管理包括哪些方面？如何落实？	

【思考题】

装配式建筑工程安全施工措施和安全管理与传统建筑有何区别？

【任务考核/评价】

教师根据学生工作过程与工作结果进行评价，并将评价结果填入表 3-17。

表 3-17　任务考核评价表

班级：		姓名：	学号：		所在组：	
所在项目		项目 3.2　装配式建筑工程管理				
工作任务		任务 3.2.2　工程安全施工措施和安全管理				
评价项目			评 价 标 准		分值	得分
任务考核 （80%）	模具组装的质量检查要求		模具的质量检查要求是否描述准确、完整		10	
	钢筋成品、钢筋桁架的质量检查要求		钢筋成品、钢筋桁架质量检查的要求是否描述准确、完整		10	
	隐蔽工程验收的要求		装配式建筑隐蔽工程验收的要求描述内容是否完整、准确		30	
	施工安全管理内容		装配式建筑施工安全管理的内容是否全面、合理		30	
过程表现 （20%）	任务参与度		积极参与工作中的各项内容		5	
	工作态度		态度端正，工作认真、主动		5	
	团队协作		能与小组成员合作交流、协调配合		5	
	职业素质		能够做到遵纪守法、安全生产、爱护公共设施、保护环境		5	
		合　　计			100	

【相关知识】

1. 安全施工措施

生产过程的质量控制是预制构件质量控制的关键环节，需要做好生产过程各个工序的质量控制、隐蔽工程验收、质量评定和质量缺陷的处理等工作。预制构件生产企业应配备满足工作需求的质量员，质量员应具备相应的工作能力，并经水平检测合格。

在生产预制构件之前，应对各工序进行技术交底，上道工序未经检查验收合格，不得进行下道工序。在浇筑混凝土前，应对模具组装、钢筋及网片安装、预留及预埋件布置等内容进行检查验收。工序检查由各工序班组自行检查，检查数量为全数检查，应做好相应的检查记录。

1）模具组装的质量检查

预制构件生产应根据生产工艺、产品类型等制订模具方案，应建立健全模具的验收和使用制度。

模具应具有足够的强度、刚度和整体稳固性，并应符合下列规定。

（1）模具应装拆方便，并应满足预制构件质量、生产工艺和周转次数等要求。

（2）结构造型复杂、外形有特殊要求的模具应制作样板，经检验合格后方可批量制作。

（3）模具各部件之间应连接牢固，接缝应紧密，附带的埋件或工装应定位准确，安装牢固。

（4）用作底模的台座、胎模、地坪及铺设的底板等应平整光洁，不得有下沉、裂缝、起砂和起鼓。

（5）模具应保持清洁，涂刷脱模剂、表面缓凝剂时，应均匀、无漏刷、无堆积，且不得沾污钢筋，不得影响预制构件外观效果。

（6）应定期检查侧模、预埋件和预留孔洞定位措施的有效性；应采取防止模具变形和锈蚀的措施；重新启用的模具应检验合格后方可使用。

（7）模具与平模台间的螺栓、定位销、磁盒等固定方式应可靠，以防止混凝土振捣成型时造成模具偏移和漏浆。

组装模具前，首先需根据构件制作图核对模板的尺寸是否满足设计要求，然后检查模板几何尺寸，包括模板与混凝土接触面的平整度、板面弯曲、拼装接缝等，再次对模具的观感进行检查，接触面不应有划痕、锈渍和氧化层脱落等现象。预制构件模具尺寸的允许偏差和检验方法应符合表 3-18 的规定。

表 3-18　预制构件模具尺寸的允许偏差及检验方法

项次	检验项目、内容		允许偏差/mm	检验方法
1	长度	≤5	1，－2	用尺测量平行构件高度方向，取其中偏差绝对值较大处
		>6m 且≤12m	2，－4	
		>12m	3，－5	
2	宽度、高（厚）度	墙板	1，－2	用尺测量两端或中部，取其中偏差绝对值较大处
3		其他构件	2，－4	
4	底模表面平整度		2	用 2m 靠尺和塞尺量
5	对角线差		3	用尺量对角线
6	侧向弯曲		$L/1500$ 且≤5	拉线，用钢尺测量侧向弯曲最大处
7	翘曲		$L/1500$	对角拉线测量交点间距离值的 2 倍
8	组装缝隙		1	用塞片或塞尺测量，取最大值
9	端模与侧模高低差		1	用钢尺量

注：L 为模具与混凝土接触面中最长边的尺寸。

构件上的预埋件和预留孔洞宜通过模具进行定位，并安装牢固，其安装偏差应符合表 3-19 的规定。

表 3-19　模具上预埋件、预留孔洞安装允许偏差

项次	检验项目		允许偏差/mm	检验方法
1	预埋钢板、建筑幕墙用槽式预埋组件	中心线位置	3	用尺测量纵、横两个方向的中心线位置，取其中的较大值
		平面高差	±2	钢直尺和塞尺检查
2	预埋管、电线盒、电线管水平和垂直方向的中心线位置偏移、预留孔、浆锚搭接预留孔（或波纹管）		2	用尺测量纵、横两个方向的中心线位置，取其中的较大值
3	插筋	中心线位置	3	用尺测量纵、横两个方向的中心线位置，取其中的较大值
		外露长度	＋10，0	用尺测量

续表

项次	检 验 项 目		允许偏差/mm	检 验 方 法
4	吊环	中心线位置	3	用尺测量纵、横两个方向的中心线位置,取其中的较大值
		外露长度	0,−5	用尺测量
5	预埋螺栓	中心线位置	2	用尺测量纵、横两个方向的中心线位置,取其中的较大值
		外露长度	+5,0	用尺测量
6	预埋螺母	中心线位置	2	用尺测量纵、横两个方向的中心线位置,取其中的较大值
		平面高差	±1	钢直尺和塞尺检查
7	预留洞	中心线位置	3	用尺测量纵、横两个方向的中心线位置,取其中的较大值
		尺寸	+3,0	用尺测量纵、横两个方向的尺寸,取其中的较大值
8	灌浆套筒及连接钢筋	灌浆套筒中心线位置	1	用尺测量纵、横两个方向的中心线位置,取其中较大值
		连接钢筋中心线位置	1	用尺测量纵、横两个方向的中心线位置,取其中较大值
		连接钢筋外露长度	+5,0	用尺测量

预制构件中预埋的门窗框时,应在模具上设置限位装置进行固定,并应逐件检验。门窗框的安装偏差和检验方法应符合表 3-20 的规定。

表 3-20 门窗框的安装允许偏差和检验方法

项 目		允许偏差/mm	检验方法
锚固脚片	中心线位置	5	钢尺检查
	外露长度	+5,0	钢尺检查
门窗框位置		2	钢尺检查
门窗框高、宽		±2	钢尺检查
门窗框对角线		±2	钢尺检查
门窗框的平整度		2	靠尺检查

2）钢筋成品、钢筋桁架的质量检查

钢筋宜采用自动化机械设备加工。使用自动化机械设备进行钢筋加工与制作,可减少钢筋损耗,且有利于质量控制,有条件时应尽量采用该方法。钢筋连接除应符合现行国家标准《混凝土结构工程施工规范》(GB 50666—2011)的有关规定外,尚应符合下列规定:

(1) 钢筋接头的方式、位置、同一截面受力钢筋的接头百分率、钢筋的搭接长度及锚固长度等应符合设计要求或国家现行有关标准的规定;

（2）钢筋焊接接头、机械连接接头和套筒灌浆连接接头均应进行工艺检验，试验结果合格后方可进行预制构件生产；

（3）螺纹接头和半灌浆套筒连接接头应使用专用扭力扳手拧紧至规定扭力值；

（4）钢筋焊接接头和机械连接接头应全数检查外观质量；

（5）焊接接头、钢筋机械连接接头、钢筋套筒灌浆连接接头力学性能应符合现行相关标准的规定。

钢筋半成品、钢筋网片、钢筋骨架和钢筋精架应检查合格后方可进行安装，并应符合下列规定：

（1）钢筋表面不得有油污，不应严重锈蚀；

（2）钢筋网片和钢筋骨架宜采用专用吊架进行吊运；

（3）混凝土保护层厚度应满足设计要求。保护层垫块宜与钢筋骨架或网片绑扎牢固，按梅花状布置，其间距应满足钢筋限位及控制变形要求，钢筋绑扎丝甩扣应弯向构件内侧。钢筋成品的允许偏差和检验方法应符合表 3-21 的规定。

表 3-21 钢筋成品的允许偏差和检验方法

项 目		允许偏差/mm	检 验 方 法
钢筋网片	长、宽	±5	钢尺检查
	网眼尺寸	±10	钢尺量连续三挡，取最大值
	对角线	5	钢尺检查
	端头不齐	5	钢尺检查
钢筋骨架	长	0，−5	钢尺检查
	宽	±5	钢尺检查
	高（厚）	±5	钢尺检查
	主筋间距	±10	钢尺量两端、中间各点，取最大值
	主筋排距	±5	钢尺量两端、中间各一点，取最大值
	箍筋间距	±10	钢尺量连续三挡，取最大值
	弯起点位置	15	钢尺检查
	端头不齐	5	钢尺检查
	保护层 柱、梁	±5	钢尺检查
	板、墙	±3	钢尺检查

钢筋桁架的尺寸允许偏差应符合表 3-22 的规定。

表 3-22 钢筋桁架的尺寸允许偏差

项次	检验项目	允许偏差/mm
1	长度	总长度的 ±0.3%，且不超过 ±10
2	高度	+1，−3
3	宽度	±5
4	扭翘	总长度的 ±0.3%，且不超过 ±10

预埋件加工允许偏差应符合表 3-23 的规定。

表 3-23 预埋件加工允许偏差

项次	检验项目		允许偏差/mm	检验方法
1	预埋件锚板的边长		0,−5	用钢尺测量
2	预埋件锚板的平整度		1	用直尺和塞尺测量
3	锚筋	长度	10,−5	用钢尺测量
		间距偏差	±10	用钢尺测量

3）隐蔽工程验收

在浇筑混凝土之前,应对每块预制构件进行隐蔽工程验收,确保其符合设计要求和规范规定。企业的质检员和质量负责人负责隐蔽工程验收,验收内容包括原材料抽样检验和钢筋、模具、预埋件、保温板及外装饰面等工序安装质量的检验。原材料的抽样检验按照前述要求进行,钢筋、模具、预埋件、保温板及外装饰面等各安装工序的质量检验按照前述要求进行。

隐蔽工程验收的范围为全数检查,验收完成后,应形成相应的隐蔽工程验收记录,并保留存档。

2. 安全管理

1）安全教育培训

根据本工程的具体情况,做好对吊装工、架子工、煤工、电工等特种作业人员的安全培训、考核及发证工作。

2）安全会议

项目部以及施工班组每日均召开一次例会,每月还应进行一次总结会议。

3）安全检查

（1）定期检查:项目部经理部每月组织一次对现场进行安全、卫生、生活等大检查。并在会上通报检查情况,提出存在的问题,落实整改措施、整改时间和责任人。

（2）日常检查:安全负责人、专职(或兼职)安全员每日现场巡视,检查现场安全设施状况、安全护具的使用情况,如发现问题,应及时发出整改通知,并督促整改,直至满足安全要求。

（3）班前检查:坚持每天的班前、班中、班后检查及交接检查。

（4）落实安全保证措施。

本工程现场成立以项目经理为组长的安全领导小组,负责日常安全检查工作,并制订如下具体的安全措施。

（1）认真贯彻执行安全生产规章制度,建立安全生产管理网络,落实安全生产岗位责任制。

（2）在生产过程中,必须坚持"安全第一,预防为主"的安全生产方针,认真做好生产中安全防护工作,清除一切不安全的隐患,确保施工正常进行。

（3）项目管理人员与公司签订安全责任状。

（4）定期组织工人学习安全技术操作规程，不断提高工人的安全意识和自我保护能力。在施工过程中，要严格执行安全生产规章制度，正确使用安全防护设施和劳动保护用品。

（5）加强现场安全防护设施的建设，如安全通道，在场内醒目位置设安全标语、标牌以提醒职工的安全防范意识。施工时，应在现场设警示牌，严禁外人进入现场，并应随每层结构层张设安全平网、立网，防止杂物坠落。

任务 3.2.3 工程现场的制度管理

【任务描述】

建筑工程为新建、改建或扩建房屋建筑物和附属构筑物设施所进行的规划、勘察、设计和施工、竣工等各项技术工作和完成的工程实体，指各种房屋、建筑物的建造工程，又称为建筑工作量。这部分投资额必须兴工动料，通过施工活动才能实现。为了加强现场各项管理工作，使之规范化、程序化、制度化，进一步提高工程项目管理水平，从而优质、高速地完成工程项目建设，应根据国家、工程所在地省市有关工程管理的规范、规定及公司有关管理条例，制订工程现场管理制度。本任务的具体工作如表 3-24 所示。

表 3-24 工作任务表

任务清单
1. 了解预制构件生产制度管理包含的内容； 2. 了解预制构件成品的出场质量检验步骤和内容； 3. 了解装配式混凝土建筑施工制度管理的内容。

【任务分组】

请完成本任务分组，并将分组情况填入表 3-25。

表 3-25 工作分组表

工作分组					
班级		组号		指导老师	
组长		学号			
组员	序号	姓名		学号	任务分工

【工作准备】

我国城市建设水平显著提高,高层建筑数量不断增多,而施工安全也成为人们的困扰。因此,在工程施工中,相关人员务必加大对施工现场管理的力度。同时,施工现场管理工作也对管理人员的专业性提出了较高的要求。例如,管理人员需要更加全面地了解和掌握施工现场中的各项信息,并与工程各部门协调好各类事项。高质量的施工现场管理能够加强现场管理的规范性和科学性,进而强化工程施工效果,推动建筑工程顺利完工。请你通过查阅文献资料、媒体资源、听课、讨论等方式获取相关资料,并完成表 3-26 中的技能确认单。

表 3-26　知识技能确认单

序号	知识点与技能点	你的回答	评价
1	预制构件生产制度管理包含哪些内容?		
2	预制构件成品有哪些出场质量检验步骤和内容?		
3	装配式混凝土建筑施工制度管理有哪些内容?		

【工作实施】

学生在完成知识学习后,结合其他资源,以小组的形式完成表 3-27 中的工作任务。

表 3-27　工作实施表

序号	引导问题	你的回答
1	预制构件生产制度管理包含哪些内容?	
2	预制构件成品的出场质量检验有哪些步骤和内容?	

续表

序号	引 导 问 题	你的回答
3	装配式混凝土建筑施工制度管理有哪些内容?	

【思考题】

在装配式建筑管理过程中,还有哪些措施可以保证工程的顺利开展?

【任务考核/评价】

教师根据学生工作过程与工作结果进行评价,并将评价结果填入表 3-28。

表 3-28 任务考核评价表

班级:　　　　　姓名:　　　　　学号:　　　　　所在组:

所在项目	项目 3.2　装配式建筑工程管理			
工作任务	任务 3.2.3　工程现场的制度管理			
评价项目	评 价 标 准		分值	得分
任务考核 (80%)	预制构件生产制度管理的内容	描述内容是否完整、正确	25	
	预制构件成品的出场质量检验步骤和内容	检验步骤是否齐全、准确	30	
	装配式混凝土建筑施工制度管理的内容	描述内容是否完整、正确	25	
过程表现 (20%)	任务参与度	积极参与工作中的各项内容	5	
	工作态度	态度端正,工作认真、主动	5	
	团队协作	能与小组成员合作交流、协调配合	5	
	职业素质	能够做到遵纪守法、安全生产、爱护公共设施、保护环境	5	
合　计			100	

【相关知识】

1. 生产制度管理

1) 设计交底与会审

在预制构件生产前,应由建设单位组织设计单位、生产单位、施工单位进行设计文件交底和会审。当原设计文件深度不够,不足以指导生产时,需要生产单位或专业公司另行制作加工详图。如加工详图与设计文件意图不同时,应经原设计单位认可。加工详图包括预制构件模具图、配筋图;满足建筑、结构和机电设备等专业要求和构件制作、运输、安装等环节要求的预埋件布置图;面砖或石材的排版图,夹芯保温外墙板内外叶墙拉结件布置图和保温板排版图等。

2)生产方案

生产预制构件前,应编制生产方案,生产方案宜包括生产计划及生产工艺、模具方案及计划、技术质量控制措施、成品存放、运输和保护方案等。必要时,应对预制构件脱模、吊运、码放、翻转及运输等工况进行计算。预制构件和部品生产中采用新技术、新工艺、新材料、新设备时,生产单位应制订专门的生产方案;必要时可进行样品试制,经检验合格后方可实施。

3)首件验收制度

预制构件生产宜建立首件验收制度。首件验收制度是指结构较复杂的预制构件或新型构件首次生产或间隔较长时间重新生产时,生产单位需会同建设单位、设计单位、施工单位、监理单位共同进行首件验收,重点检查模具、构件、预埋件、混凝土提筑成型中存在的问题,确认该批预制构件生产工艺是否合理,质量能否得到保障,共同验收合格之后方可批量生产。

4)原材料检验

预制构件的原材料质量、钢筋加工和连接的力学性能、混凝土强度、构件结构性能、装饰材料、保温材料及拉结件的质量等均应根据国家现行有关标准进行检查和检验,并应具有生产操作规程和质量检验记录。

5)构件检验

预制构件生产的质量检验应按模具、钢筋、混凝土、预应力、预制构件等检验进行。预制构件的质量评定应根据钢筋、混凝土、预应力、预制构件的试验、检验资料等项目进行。当上述检验项目的质量均合格时,方可将产品评定为合格产品。检验时,应对新制或改制后的模具,应按件检验。对重复使用的定型模具、钢筋半成品和成品,应分批随机抽样检验。对混凝土性能,应按批检验。模具、钢筋、混凝土、预制构件制作、预应力施工等质量,均应在生产班组自检、互检和交接检的基础上,由专职检验员进行检验。

6)构件表面标识

预制构件和部品经检查合格后,宜设置表面标识。预制构件的表面标识宜包括构件编号、制作日期、合格状态、生产单位等信息。

7)质量证明文件

预制构件和部品出厂时,应出具质量证明文件。目前,有些地方的预制构件生产实行了监理驻厂监造制度,应根据各地的技术发展水平细化预制构件生产全过程监测制度,驻厂监理应在出厂质量证明文件上签字。

2. 预制构件成品的出厂质量检验

预制混凝土构件成品出厂质量检验是预制混凝土构件质量控制过程中最后的环节,也是关键环节。预制混凝土构件出厂前,应对其成品质量进行检查验收,合格后方可出厂。

1）预制构件资料

预制构件的资料应与产品生产同步形成、收集和整理，归档资料宜包括以下内容。

（1）预制混凝土构件加工合同。

（2）预制混凝土构件加工图纸、设计文件、设计洽商、变更或交底文件。

（3）生产方案和质量计划等文件。

（4）原材料质量证明文件、复试试验记录和试验报告。

（5）混凝土试配资料。

（6）混凝土配合比通知单。

（7）混凝土开盘鉴定。

（8）混凝土强度报告。

（9）钢筋检验资料、钢筋接头的试验报告。

（10）模具检验资料。

（11）预应力施工记录。

（12）混凝土浇筑记录。

（13）混凝土养护记录。

（14）构件检验记录。

（15）构件性能检测报告。

（16）构件出厂合格证。

（17）质量事故分析和处理资料。

（18）其他与预制混凝构件生产和质量有关的重要文件资料。

2）质量证明文件

预制构件交付的产品质量证明文件应包括以下内容。

（1）出厂合格证。

（2）混凝土强度检验报告。

（3）钢筋套筒等其他构件钢筋连接类型的工艺检验报告。

（4）合同要求的其他质量证明文件。

3. 施工制度管理

1）工装系统

装配式混凝土建筑施工宜采用工具化、标准化的工装系统。工装系统是指装配式混凝土建筑吊装、安装过程中所用的工具化、标准化吊具、支撑架体等产品，包括标准化堆放架、模数化通用吊梁、框式吊梁、起吊装置、吊钩吊具、预制墙板斜支撑、叠合板独立支撑、支撑体系、模架体系、外围护体系、系列操作工具等产品。工装系统的定型产品及施工操作均应符合国家现行有关标准及产品应用技术手册的有关规定，使用前应进行必要的施工验算。

2）信息化模拟

装配式混凝土建筑施工宜采用 BIM 技术对施工全过程及关键工艺进行信息化模拟。施工安装宜采用 BIM 组织施工方案，用 BIM 模型指导和模拟施工，制订合理的施工工序，并精确算量，从而提高施工管理水平和施工效率，减少浪费。

3）预制构件试安装

在装配式混凝土建筑施工前,宜选择有代表性的单元试安装预制构件,并应根据试安装结果及时调整施工工艺、完善施工方案。为避免由于设计或施工缺乏经验造成工程实施障碍或损失,保证装配式混凝土结构施工质量,并不断摸索和积累经验,特提出应通过试生产和试安装进行验证性试验。装配式混凝土结构施工前的试安装,对于没有经验的承包商非常必要,不但可以验证设计和施工方案存在的缺陷,还可以培训人员、调试设备、完善方案。另外,对于没有实践经验的新的结构体系,应在施工前进行典型单元的安装试验,验证并完善方案的可行性,这对于体系的定型和推广使用是十分重要的。

4）"四新"推广要求

装配式混凝土建筑施工中采用的新技术、新工艺、新材料、新设备,应按有关规定进行评审、备案。施工前,应对新的或首次采用的施工工艺进行评价,并应制订专门的施工方案。施工方案应经监理单位审核批准后实施。

5）安全措施的落实

在装配式混凝土建筑施工过程中,应采取安全措施,并应符合国家现行有关标准的规定。装配式混凝土建筑施工中,应建立健全的安全管理保障和管理制度,对危险性较大分部分项工程,应经专家论证通过后进行施工。应结合装配施工特点,针对构件吊装、安装施工安全要求,制订系列安全专项方案。

6）人员培训

施工单位应根据装配式混凝土建筑工程特点配置组织的机构和人员。施工作业人员应具备岗位需要的基础知识和技能。施工企业应对管理人员及作业人员进行专项培训,严禁未经培训及培训不合格者上岗;要建立完善的内部教育和考核制度,通过定期考核和劳动竞赛等形式提高职工素质。对于长期从事装配式混凝土建筑施工的企业,应逐步建立专业化的施工队伍。

7）施工组织设计

装配式混凝土建筑应结合设计、生产、装配体化的原则整体策划,协同建筑、结构、机电、装饰装修等专业要求,制订施工组织设计。施工组织设计应体现管理组织方式吻合装配工法的特点,以发挥装配技术优势为原则。

8）专项施工方案

装配式混凝土结构施工应制订专项方案。装配式混凝土结构施工方案应全面系统,且应结合装配式建筑特点和一体化建造的具体要求,满足节省资源、减少人工、提高质量、缩短工期的原则。专项施工方案宜包括以下内容。

(1)工程概况:应包括工程名称、地址;建筑规模和施工范围;建设单位、设计单位、施工单位、监理单位信息;质量和安全目标。

(2)编制依据:指导安装所必需的施工图(包括构件拆分图和构件布置图)和相关的国家标准、行业标准、部颁标准、省和地方标准及强制性条文与企业标准。

工程设计结构及建筑特点:结构安全等级、抗震等级、地质水文、地基与基础结构以及消防、保温等要求。同时,要重点说明装配式结构的体系形式和工艺特点,对工程难点和关键部位要有清晰的预判。

工程环境特征：场地供水、供电、排水情况；详细说明与装配式结构紧密相关的气候条件；雨、雪、风特点；对构件运输影响大的道路桥梁情况。

（3）进度计划：进度计划应协同构件生产计划和运输计划等。

（4）施工场地布置：施工场地布置包括场内循环通道、吊装设备布设、构件码放场。

（5）预制构件运输与存放：预制构件运输方案包括车辆型号及数量、运输路线、发货安排、现场装卸方法等。

（6）安装与连接施工：安装与连拔施工包括测量方法、吊装顺序和方法、构件安装方法、节点施方法、防水施工方法、后浇混凝土施工方法、全过程的成品保护及修补措施等。

（7）绿色施工。

（8）安全管理：包括吊装安全措施、专项施工安全措施等。

（9）质量管理：包括构件安装的专项施工质量管理，渗漏、裂缝等质量缺陷防治措施。

（10）信息化管理。

（11）应急预案。

9）图纸会审

图纸会审是指工程各参建单位（建设单位、监理单位、施工单位、各种设备厂家）在收到设计院施工图设计文件后，对图纸进行全面的熟悉，审查出施工图中存在的问题及不合理情况，并提交设计院进行处理的一项重要活动。

对于装配式混凝土建筑的图纸会审，应重点关注以下几个方面。

（1）装配式结构体系的选择和创新应该得到专家论证，深化设计图应该符合专家论证的结论。

（2）对于装配式结构与常规结构的转换层，其固定墙部分需与预制墙板灌浆套筒对接的预埋钢筋的长度和位置。

（3）墙板间边缘构件竖缝主筋的连接和箍筋的封闭，后浇混凝土部位结合面和键槽。

（4）预制墙板之间上部叠合梁对接节点部位的钢筋（包括锚固板）搭接是否存在矛盾。

（5）外挂墙板的外挂节点做法、板缝防水和封闭做法。

（6）水、电线管盒的预埋、预留，预制墙板内预埋管线与现浇楼板的预埋管线的衔接。

10）技术、安全交底

技术交底的内容包括图纸交底、施工组织设计交底、设计变更交底、分项工程技术交底。技术交底采用三级制，即项目技术负责人→施工员→班组长。项目技术负责人向施工员进行交底，要求细致、齐全，并应结合具体操作部位、关键部位的质量要求、操作要点及安全注意事项等进行交底。

施工员接受交底后，应反复、细致地向操作班组进行交底，除口头和文字交底外，必要时应进行图表、样板、示范操作等方法的交底。班组长在接受交底后，应组织工人进行认真讨论，保证其明确施工意图。

对于现场施工人员，要坚持每日班前会制度，与此同时，应进行安全教育和安全交底，做到安全教育天天讲，安全意识念念不忘。

11）测量放线

在安装施工前，应测量放线，设置构件安装定位标识。根据安装连接的精细化要求，控制合理误差。安装定位标识方案时,应按照一定顺序进行编制,标识点应清晰明确,定位顺序应便于查询标识。

12) 吊装设备复核

安装施工前,应复核吊装设备的吊装能力,检查复核吊装设备及吊具处于安全操作状态,并核实现场环境、天气、道路状况等满足吊装施工要求。

13) 核对已完结构和预制构件

在安装施工前,应核对已施工完成结构、基础的外观质量和尺寸偏差,确认混凝土强度和预留预埋符合设计要求,并应核对预制构件的混凝土强度及预制构件和配件的型号、规格、数量等,确保其符合设计要求。

【项目考核/评价】

(1) 请根据完成任务完成情况,完成学习自我评价,将评价结果填入表 3-29 中。

表 3-29 学习成果自评表

班级: 姓名: 学号: 所在组:

所在项目	项目 3.2 装配式建筑工程管理	
评价项目	分值	得分
学习内容掌握程度	30	
工作贡献度	20	
课堂表现	20	
成果质量	30	
合计	100	

(2) 学习小组成员根据工作任务开展过程及结果进行互评,将评价结果填入表 3-30 中。

表 3-30 学习小组互评表

所在项目		项目 3.2 装配式建筑工程管理								
组号										
评价项目	分值	等级				评价对象(序号)				
						组长	1	2	3	4	5
工作贡献	20	优(20)	良(16)	中(12)	差(8)					
工作质量	20	优(20)	良(16)	中(12)	差(8)					
工作态度	20	优(20)	良(16)	中(12)	差(8)					
工作规范	20	优(20)	良(16)	中(12)	差(8)					
团队合作	20	优(20)	良(16)	中(12)	差(8)					
合计	100									

(3) 教师根据学生工作过程与工作结果进行评价,并将评价结果填入表 3-31 中。

表 3-31 教师综合评价表

班级：　　　　姓名：　　　　学号：　　　　所在组：

所在项目	项目 3.2　装配式建筑工程管理			
评价项目	评 价 标 准		分值	得分
考勤(10%)	无无故迟到、早退、旷课现象		10	
工作过程 (50%)	任务 3.1.1 完成情况	任务成果情况及过程表现	30	
	任务参与度	积极参与工作中的各项内容	5	
	工作态度	态度端正、工作认真、主动	5	
	团队协作	能与小组成员之间合作交流,协调配合	5	
	职业素质	能够做到遵纪守法、安全生产、爱护公共设施、保护环境	5	
项目成果 (40%)	工作完整	能按时完成任务	5	
	工作规范	能按规范开展工作任务	5	
	内容正确	工作内容的准确率	15	
	成果效果	工作成果的合理性、完整性等	15	
合　计			100	
综合评价	自评(20%)	小组互评(30%)	教师评价(50%)	综合得分

项目 4.1 构件安装岗位实训

项目介绍

装配式建筑构件安装岗位技能实操装置可进行典型预制构件吊装、后浇段钢筋绑扎和模板支设等反复训练,完全符合国家标准和行业规范,如图 4-1 所示。其中,实操装置主要包括仿真筏板、仿真预制外墙挂板、钢梁、钢柱、仿真预制剪力墙外墙板、移动式龙门吊、铝模板、墙板存放架、配套工具、配套材料、劳保用品等。

微课:实操实训
(构件吊装)

图 4-1 预制构件安装实训

学习目标

知识目标

(1)掌握预制混凝土吊装的施工工艺。

(2)掌握吊装机械的性能。

技能目标

(1)会操作预制构件的吊运安装。

(2)能使用吊运机械。

素质目标

(1)树立严谨的工作作风。

（2）培养团队协作能力。

（3）培养标准为先的质量意识。

任务 4.1.1　钢结构构件安装实训

【任务描述】

完成某钢结构墙板构件的吊运安装,任务如表 4-1 所示。

表 4-1　工作任务表

任务清单
完成某钢结构构件的吊装施工。

【任务分组】

请完成本任务分组,并将分组情况填入表 4-2。

表 4-2　工作分组表

工作分组					
班级		组号		指导老师	
组长		学号			
组员		序号	姓名	学号	任务分工

【工作准备】

（1）阅读工作任务书,完成学习分组,仔细阅读本任务相关资料。

（2）预习钢构件吊装的相关知识,熟悉构件吊装施工流程。

（3）提前熟悉吊装工作需要使用的机械、工具和材料。

【工作实施】

根据下方实训预制构件安装位置图二维码,完成钢构件的安装工作。

【任务考核/评价】

见下方构件安装实训考核表二维码。

实训预制构件安装位置图

构件安装实训考核表

【相关知识】

1. 钢柱吊装

1）实操配置

实操配置包括仿真筏板、钢柱、移动式龙门吊、配套工具、配套材料、劳保用品等。

2）工艺流程

钢柱吊装施工流程如图 4-2 所示。

图 4-2　钢柱吊装施工流程图

3）操作步骤

（1）施工前，应做好以下准备工作。

① 劳保用品准备内容如下。

劳保用品：安全帽、工作服、手套等。

操作内容：正确穿戴劳保用品，并相互检查穿戴是否整齐，安全帽后箍和下颏带是否调整到大小合适。

② 设备检查内容如下。

设备：起吊设备如龙门吊、吊具等。

操作内容：检查吊具是否牢固，操作起吊设备是否正常。

③ 卫生检查内容如下。

工具：扫把。

操作内容：检查场地卫生，发现垃圾进行清理。

④ 下发图纸内容如下。

资料：构件安装图纸。

操作内容：识读预制构件安装图纸，获取构件位置信息。

⑤ 下发任务工单内容如下。

资料：任务工单。

操作内容：老师根据任务工单下发任务，介绍预制构件吊装和后浇段连接流程及注意事项。

（2）定位画线工作内容如下。

工具：墨盒、钢卷尺、铅笔等。

操作内容：根据图纸钢柱位置图画出钢柱中心轴线和位置边线。

（3）钢柱吊装工作内容如下。

① 吊具选择内容如下。

工具：吊装带。

操作内容：由于钢柱结构的特殊性，选择柔性吊具吊装带。

② 钢柱吊运内容如下。

机械：龙门吊。

操作内容:钢柱试吊,距离地面约300mm,确保牢固后吊运。应采用慢起、稳升、缓放的操作方式,在吊运过程中,应保持稳定,不得偏斜,摇摆和扭转,严禁吊装构件长时间悬停在空中。

(4)初固定工作内容如下。

材料:螺母、垫片。

工具:扳手。

操作内容:当钢柱吊装至预安装位置后,先进行初固定,防止钢柱出现安全隐患。

(5)钢柱调整工作内容如下。

工具:撬棍、线坠、钢卷尺。

操作内容:根据图纸调整钢柱位置,使柱底轴线与定位轴线偏移、垂直度符合规范要求。

(6)终固定工作内容如下。

工具:扳手。

操作内容:钢柱调整完成后进行终固定。

(7)摘钩工作内容如下。

操作内容:摘除吊钩,安装下一个钢柱。

2. 钢梁吊装

1)实操配置

实操配置包括仿真筏板、钢柱、钢梁、移动式龙门吊、配套工具、配套材料、劳保用品等。

2)工艺流程

钢梁吊装施工流程如图4-3所示。

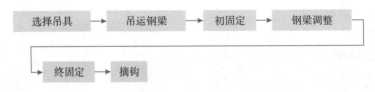

图4-3 钢梁吊装施工流程图

3)操作步骤

(1)选择吊具。

工具:吊装带。

操作内容:由于钢梁结构的特殊性,没有设置吊点,因此通过吊装带将钢梁两边对称缠绕固定。

(2)吊运钢梁。

工具:龙门吊、吊装带。

操作内容:钢梁试吊,距离地面约300mm,确保牢固后吊运。应采用慢起、稳升、缓放的操作方式,在吊运过程中,应保持稳定,不得偏斜,摇摆和扭转,严禁吊装构件长时间悬停在空中。

(3)初固定。

材料:螺栓、垫片。

工具：扳手。

操作内容：当钢梁吊装至安装位置附近时，由人工牵引，钢梁螺栓孔和钢柱耳板螺栓孔精确对位，并安装螺栓初固定。

（4）调整钢梁。

工具：靠尺、钢卷尺。

操作内容：根据图纸中钢梁位置要求检测并调整钢梁。

（5）终固定。

工具：扳手。

操作内容：钢梁调整无误后，用扳手终拧螺栓，确保框架稳定牢固。

（6）摘钩。

操作内容：摘除吊装带，钢梁吊装结束，进行外墙挂板吊装。

任务4.1.2 墙板构件安装实训

【任务描述】

4人一组，完成某模型预制墙板的吊装施工操作，具体任务如表4-3所示。

表4-3 工作任务表

任务清单
1. 完成某外挂墙板构件的吊装施工； 2. 完成某预制剪力墙构件的吊装施工； 3. 完成某预制墙板拼缝间的现浇连接工作。

【任务分组】

请完成本任务分组，并将分组情况填入表4-4。

表4-4 工作分组表

工作分组					
班级		组号		指导老师	
组长		学号			
组员	序号	姓名		学号	任务分工

【工作准备】

（1）阅读工作任务书，完成学习分组，仔细阅读本任务相关资料。

（2）预习钢构件吊装的相关知识，熟悉构件吊装施工流程。

（3）提前熟悉吊装工作需要使用的机械、工具和材料。

【工作实施】

根据下方实训预制构件安装位置图二维码，完成钢构件的安装工作。

【任务考核/评价】

见下方构件安装实训考核表二维码。

实训预制构件安装位置图　　　　构件安装实训考核表

【相关知识】

1. 仿真外墙挂板吊装

1）实操配置

实操配置包括仿真筏板、钢柱、钢梁、仿真外墙挂板、移动式龙门吊、配套工具、配套材料、墙板存放架、劳保用品等。

2）工艺流程

外挂墙板吊装施工流程如图 4-4 所示。

定位画线 ⟶ 外墙挂板吊装 ⟶ 外墙挂板调整 ⟶ 外墙挂板终固定 ⟶ 摘钩

图 4-4　外挂墙板吊装施工流程图

3）操作步骤

（1）定位画线。

工具：钢卷尺、墨盒、铅笔。

操作内容：根据图纸位置信息从控制线引出外墙挂板位置线，并做好标记。

（2）吊装外墙挂板。

① 选择吊具、设置吊点。

工具：横吊梁、框架吊具、吊索。

操作内容：外墙挂板属于竖向构件，选择横吊梁，根据挂板吊点位置安装吊索。吊索水平夹角不宜小于 60°，不应小于 45°。

② 吊运外墙挂板。

工具：吊具。

操作内容：外墙挂板试吊，距离地面约 300mm，确保牢固后吊运。应采用慢起、稳升、缓放的操作方式，在吊运过程中，应保持稳定，不得偏斜，摇摆和扭转，严禁吊装构件长时间悬停在空中。

③ 外墙挂板落位及临时固定。

工具：连接板、螺栓、扳手。

操作内容：外墙挂板下部螺杆对准结构底部下连接件，缓慢落位，并安装连接板临时固定。

（3）调整外墙挂板。

工具：撬棍、靠尺、线坠、钢卷尺等。

操作内容：根据定位线用撬棍调整位置，用线坠测量墙板垂直度，并进行调整，用靠尺检查墙板顶部标高是否与钢梁标记点平行；如不平行，应进行调整（请参照表4-6）。

（4）外墙挂板终固定。

工具：扳手。

操作内容：用扳手终拧下部连接件和上部连接件螺栓，拆除吊钩。

（5）摘钩。

操作内容：摘除吊钩，外墙挂板吊装结束，进行1号剪力墙吊装。

2. 仿真预制剪力墙外墙板吊装

1）实操配置

仿真筏板、仿真预制剪力墙外墙板1、移动式龙门吊、配套工具、配套材料、墙板存放架、劳保用品等。

2）工艺流程

预制剪力墙外墙板吊装施工流程如图4-5所示。

图 4-5　预制剪力墙外墙板吊装施工流程图

3）操作步骤

（1）工作面预处理内容如下。

① 钢筋除锈、校正。

工具：钢丝刷、靠尺、校正工具。

操作内容：用钢丝刷对生锈钢筋进行除锈，靠尺测量钢筋，对垂直度不符合要求的钢筋用校正工具校正。

② 作业面凿毛、清理。

工具：凿子、铁锤、扫把、毛刷。

操作内容：先对作业面进行凿毛，然后清理作业面灰尘，以便新、旧结合面更好地结合。

（2）画线及标高找平内容如下。

① 定位画线。

工具：钢卷尺、墨盒、铅笔。

操作内容：根据图纸位置信息从轴线引出1号剪力墙位置线和30cm控制线，并做好标记。

② 标高找平。

材料：垫块（10mm、5mm、2mm）。

工具：水准仪、水准尺。

操作内容:在工作面两端放置约 2cm 高垫块,便于连通腔灌浆。然后用水准仪测量两端垫块标高是否一致,是否满足标高要求,对不满足要求情况增减不同规格垫块。垫块应居中放置,且中心连线平行位置线,不要贴近钢筋,防止阻碍浆料流动。水准仪支设应确保水平气泡居中,水准尺竖立也须保持水平气泡居中。

(3)墙板封堵内容如下。

材料:泡棉胶条。

操作内容:根据图纸中保温板位置粘贴泡面胶条,形成保温一体化,防止保温板被污染。

(4)构件吊装内容如下。

① 选择吊具、设置吊点。

工具:横吊梁、框架吊具、吊索。

操作内容:1 号剪力墙属于竖向构件,选择横吊梁,根据墙板吊点位置安装吊索。吊索水平夹角不宜小于 60°,不应小于 45°。

② 吊运墙板。

工具:吊具。

操作内容:墙板试吊,距离地面约 300mm,确保牢固后吊运。应采用慢起、稳升、缓放的操作方式,吊运过程中应保持稳定,不得偏斜,摇摆和扭转,严禁吊装构件长时间悬停在空中。

③ 墙板落位。

工具:镜子。

操作内容:墙板吊装至预安装位置时,由人工辅助牵引,在构件底部放置镜子观察套筒和钢筋相对位置,当套筒和钢筋不在同一中心时,微调墙板位置,使钢筋正好插入套筒。注意墙板两端均需钢筋插入套筒方可顺利下落。

(5)临时支撑及调整内容如下。

① 临时支撑。

工具:斜支撑、螺栓、扳手。

操作内容:先用斜支撑连接墙板上预埋内丝,并用螺栓固定,再调整斜支撑长度连接楼板,并用螺栓固定,然后逐个安装其他斜支撑,保证斜支撑连接可靠。具体要求如下:临时支撑不宜少于 2 道;对于墙板构件的上部斜支撑,其支撑点距离板底的距离不宜小于构件高度的 2/3,且不应小于构件高度的 1/2;斜支撑应于构件可靠连接;构件安装就位后,可通过临时支撑对构件的位置和垂直度进行微调。

② 构件位置、垂直度调整。

工具:钢卷尺、线坠、撬棍、斜支撑。

操作内容:测量墙板水平位置、垂直度,通过斜支撑和撬棍进行调整,直至满足工艺标准(请参照表 4-7)。

(6)终固定及摘钩内容如下。

① 终固定。

工具:扳手。

操作内容:墙板调整完成后进行终固定,保证墙板稳定。

② 摘钩。

操作内容:摘除吊钩,进行2号剪力墙吊装。

3. 仿真预制剪力墙外墙板2吊装

1)实操配置

实操配置包括仿真筏板、仿真预制剪力墙外墙板2、移动式龙门吊、配套工具、配套材料、墙板存放架、劳保用品等。

2)工艺流程

预制剪力墙外墙板2吊装施工流程如图4-6所示。

图 4-6 预制剪力墙外墙板2吊装施工流程图

3)操作步骤

2号剪力墙操作步骤和1号剪力墙一致,请参照1号剪力墙。

4. 仿真预制剪力墙外墙板3吊装

1)实操配置

实操配置包括仿真筏板、仿真预制剪力墙外墙板3、移动式龙门吊、配套工具、配套材料、墙板存放架、劳保用品等。

2)工艺流程

预制剪力墙外墙板3施工流程如图4-7所示。

图 4-7 预制剪力墙外墙板3吊装施工流程图

3)操作步骤

3号剪力墙操作步骤和1号剪力墙一致,请参照1号剪力墙。

5. "一"字形后浇段连接

1)实操配置

实操配置包括仿真筏板、仿真预制剪力墙外墙板1、仿真预制剪力墙外墙板2、移动式龙门吊、配套工具、配套材料、劳保用品等。

2)工艺流程

"一"字形后浇带现浇连接施工流程如图4-8所示。

工作面处理 → 接缝保温处理 → 钢筋连接 → 模板安装 → 模板检查与调整

图 4-8　"一"字形后浇带现浇连接施工流程图

3）操作步骤

（1）工作面处理内容如下。

① 甩筋检查、除锈及校正。

工具：靠尺、钢管。

操作内容：对甩筋进行除锈，并对垂直度进行检查，不符合要求的钢筋用钢管进行校正并复核，直至满足要求为止。

② 凿毛。

工具：钢錾子、铁锤。

操作内容：为了增加新、旧结合面的黏结性，对底部接触面进行凿毛，并清理垃圾。

③ 洒水湿润。

工具：喷壶。

操作内容：对底部和竖向相邻工作面喷水湿润，提供混凝土浇筑环境。

（2）接缝保温处理内容如下。

材料：发泡棉胶条

操作内容：在两个剪力墙保温层之间填充接缝保温材料，防止混凝土流出，保温整体性好。

（3）钢筋连接内容如下。

① 竖向钢筋布置。

材料：竖向钢筋、直螺纹套筒。

工具：铁钳。

操作内容：根据甩筋位置，依次采用直螺纹套筒进行竖向钢筋连接，确保连接牢固。

② 水平钢筋布置。

材料：水平拉筋、扎丝。

工具：扎钩。

操作内容：根据图纸拉筋位置进行绑扎连接，使预留箍筋、竖向钢筋、拉筋形成整体。

③ 钢筋成品检查与调整。

工具：钢卷尺、橡胶锤。

操作内容：根据图纸要求检查钢筋品种和间距，对不符合要求的进行调整。

④ 安装垫块。

材料：垫块、扎丝。

工具：扎钩。

操作内容：根据图纸钢筋保护层厚度选择垫块型号，均匀布置垫块，一般间距为 500mm。

（4）模板安装内容如下。

① 模板位置测量放线。

工具：墨盒、钢卷尺。

操作内容:根据图纸要求画出模板位置线和 30cm 控制线,以便检查模板位置。

② 粘贴防漏胶条。

材料:防侧漏胶条。

工具:小刀。

操作内容:在模板安装位置底部及墙板边缘处粘贴防漏胶条,防止在浇筑混凝土时漏浆。

③ 模板选型及粉刷脱模剂。

材料:模板、脱模剂。

工具:滚筒。

操作内容:根据图纸进行模板选型,并均匀粉刷脱模剂,不得少涂漏涂。

④ 模板组装与固定。

材料:背楞、螺栓。

工具:扳手。

操作内容:根据画线位置安装模板,保证模板孔与墙板预埋内丝在一条直线上,然后安装螺栓,加固背楞,进行初固定。

(5)模板检查与调整内容如下。

工具:钢卷尺、撬棍、橡胶锤、靠尺。

操作内容:依据控制线和位置线检查模板水平位置,如不符合,用撬棍和橡胶锤调整;检查模板垂直度,并进行调整,符合要求后,进行终固定。

6. L 形后浇段连接

1)实操配置

实操配置包括仿真筏板、仿真预制剪力墙外墙板 2、仿真预制剪力墙外墙板 3、移动式龙门吊、配套工具、配套材料、墙板存放架、劳保用品等。

2)工艺流程

L 形后浇段连接施工流程如图 4-9 所示。

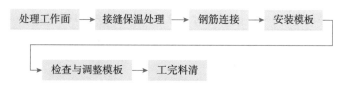

图 4-9 L 形后浇段连接施工流程图

3)操作步骤

(1)～(5)操作步骤参照"一"字形。

(6)工完料清。

① 设备复位。

工具:吊具、扳手、撬棍等。

操作内容:根据后安先拆的顺序依次拆除构件吊装实操装置,放置、固定和保护存放架。

② 工具入库。

工具:抹布。

操作内容:盘点使用工具,清理使用工具上的污垢,如需特殊保养,则进行特殊保养,然后将工具入库。

7. 工艺标准

1) 钢柱安装检验标准

钢柱安装检验标准见表 4-5。

表 4-5 钢柱安装检验标准

[《装配式钢结构住宅建筑技术标准》(JGJ/T 469—2019) 表 9.4.5-2]

检 验 项 目			允许偏差/mm
底层柱柱底轴线对定位轴线偏移			3.0
柱子定位轴线			1.0
上、下柱连接处的错口			3.0
同一层柱的各柱顶高度差			5.0
单节柱的垂直度	单层柱	$H \leqslant 10\text{m}$	$H/1000$
		$H > 10\text{m}$	$H/1000$,且不应大于 10.0
	多节柱	单节柱	$h/1000$,且不应大于 10.0
		柱全高	15.0

2) 外墙挂板安装检验标准

外墙挂板安装检验标准见表 4-6,依据《装配式钢结构住宅建筑技术标准》(JGJ/T 469—2019)表 9.4.7-1。

表 4-6 外墙挂板安装检验标准

[《装配式钢结构住宅建筑技术标准》(JGJ/T 469—2019)表 9.4.7-1]

检 验 项 目			允许偏差/mm	检 验 方 法
中心线对轴线位置			3.0	尺量
标高			±3.0	水准仪或尺量
垂直度	每层	≤3m	3.0	全站仪或经纬仪
		>3m	5.0	
	全高	≤10m	5.0	全站仪或经纬仪
		>10m	10.0	
相邻单元板平整度			2.0	钢尺、塞尺
板接缝	宽度		±3.0	尺量
	中心线位置			

续表

检 验 项 目	允许偏差/mm	检 验 方 法
门窗洞口尺寸	±5.0	尺量
上、下层门窗洞口偏移	±3.0	垂线和尺量

3）预制混凝土构件安装检验标准

预制混凝土构件安装检验标准见表 4-7。

表 4-7　预制混凝土构件安装检验标准

[《装配式混凝土建筑技术标准》(GB/T 51231—2016) 表 10.4.12]

项　　目			允许偏差/mm	检 验 方 法
构件中心线对轴线位置	基础		15	经纬仪及尺量
	竖向构件(柱、墙、桁架)		8	
	水平构件(梁、板)		5	
构件标高	梁、柱、墙、板底面或顶面		±5	水准仪或拉线、尺量
构件垂直度	柱、墙	≤6m	5	经纬仪或吊线、尺量
		>6m	10	
构件倾斜度	梁、桁架		5	经纬仪或吊线、尺量
相邻构件平整度	板端面		5	2m靠尺和塞尺量测
	梁、板底面	外露	3	
		不外露	5	
	柱墙侧面	外露	5	
		不外露	8	
构件搁置长度	梁、板		±10	尺量
支座、支垫中心位置	板、梁、柱、墙、桁架		10	尺量
墙板接缝	宽度		±5	尺量

8. 注意事项

（1）正确佩戴劳保用品，检查并校正安全帽。

（2）应规范使用实操工具，严禁嬉戏打闹。

（3）吊装构件时，应确保吊具安装牢固，避免出现危险事故。

（4）吊装构件时，应严格按照操作说明进行，防止因速度过快出现碰撞事故。

（5）多人配合按照墙板时，应规范操作，防止手指被挤压。

（6）实操完毕，应归还材料和工具，并放置原位置。

预制混凝土构件吊运安装实操图解如图 4-10 所示。

【项目考核/评价】

（1）请根据完成任务完成情况完成学习自我评价，将评价结果填入表 4-8。

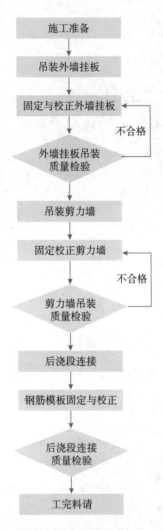

图 4-10 预制混凝土构件吊运安装实操图解

表 4-8 学习成果自评表

班级：	姓名：	学号：	所在组：
所在项目		项目 4.1 构件安装岗位实训	
评 价 项 目	分值		得分
学习内容掌握程度	30		
工作贡献度	20		
课堂表现	20		
成果质量	30		
合 计	100		

（2）学习小组成员根据工作任务开展过程及结果进行互评，将评价结果填入表4-9。

表4-9 学习小组互评表

所在项目			项目4.1 构件安装岗位实训							
组号										
评价项目	分值	等 级				评价对象（序号）				
						组长	1	2	3	4	5
工作贡献	20	优（20）	良（16）	中（12）	差（8）					
工作质量	20	优（20）	良（16）	中（12）	差（8）					
工作态度	20	优（20）	良（16）	中（12）	差（8）					
工作规范	20	优（20）	良（16）	中（12）	差（8）					
团队合作	20	优（20）	良（16）	中（12）	差（8）					
合 计	100									

（3）教师根据学生工作过程与工作结果进行评价，并将评价结果填入表4-10。

表4-10 教师综合评价表

班级： 姓名： 学号： 所在组：

所在项目		项目4.1 构件安装岗位实训		
评价项目		评 价 标 准	分值	得分
考勤（10%）		无无故迟到、早退、旷课现象	10	
工作过程（50%）	任务4.1.1完成情况	任务成果情况及过程表现	30	
	任务参与度	积极参与工作中的各项内容	5	
	工作态度	态度端正、工作认真、主动	5	
	团队协作	能与小组成员之间合作交流、协调配合	5	
	职业素质	能够做到遵纪守法、安全生产、爱护公共设施、保护环境	5	
项目成果（40%）	工作完整	能按时完成任务	5	
	工作规范	能按规范开展工作任务	5	
	内容正确	工作内容的准确率	15	
	成果效果	工作成果的合理性、完整性等	15	
合 计			100	
综合评价	自评（20%）	小组互评（30%）	教师评价（50%）	综合得分

项目 4.2 构件灌浆岗位实训

项目介绍

　　装配式建筑是建筑工业化的重要手段,随着建筑业的发展,我国越来越重视建筑产业现代化后备人才的培养,正积极开展建筑工业化人才培养。本项目的主要目的是模拟预制构件套筒灌浆施工流程。仿真灌浆实操设备如图 4-11 所示。

微课:实操实训
(构件灌浆)

图 4-11　仿真预制构件套筒灌浆设备

学习目标

知识目标

(1)掌握预制构件套筒灌浆的施工工艺。

(2)掌握灌浆料的制作方法。

(3)了解灌浆料的质量标准及检测方法。

技能目标

(1)掌握预制构件套筒灌浆的施工流程。

(2)掌握制作的灌浆料流程。

素质目标

(1)树立严谨的工作作风。

(2)培养团队协作能力。

(3)培养标准为先的质量意识。

任务 4.2.1　装配式混凝土剪力墙灌浆实训

【任务描述】

　　为了让读者掌握预制剪力墙套筒灌浆的连接工艺,特设置本任务。本任务的主要内容如表 4-11 所示。

表 4-11 工作任务表

任务清单
3人一组,完成预制剪力墙构件套筒灌浆连接。

【任务分组】

请完成本任务分组,并将分组情况填入表 4-12。

表 4-12 工作分组表

工作分组				
班级		组号		指导老师
组长		学号		
组员	序号	姓名	学号	任务分工

【工作准备】

(1) 阅读工作任务书,完成学习分组,仔细阅读本任务相关资料。

(2) 预习预制构件的套筒灌浆连接施工流程。

(3) 提前熟悉套筒灌浆连接工作所需要使用的机械、工具和材料。

【工作实施】

根据规范要求,完成模型预制构件的套筒灌浆施工。

【任务考核/评价】

见下方构件灌浆实训考核表二维码。

构件灌浆实训考核表

【相关知识】

1. 装配式混凝土剪力墙灌浆

1) 实操配置

装配式混凝土剪力墙半灌浆套筒实操装置包括吊装设备、配套工具、配套材料、劳保用品等。

2）工艺流程

装配式混凝土剪力墙灌浆施工流程如图4-12所示。

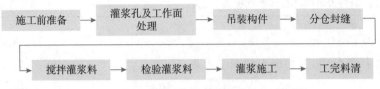

图 4-12 装配式混凝土剪力墙灌浆施工流程图

3）操作步骤

（1）施工前准备工作如下。

① 准备劳保用品。

劳保用品：安全帽、工作服、手套等。

操作内容：正确穿戴劳保用品，并相互检查穿戴是否整齐，安全帽后箍和下颏带是否调整到大小合适。

② 检查设备。

设备：起吊设备如龙门吊、吊具等。

操作内容：检查吊具是否牢固，操作起吊设备是否正常。

③ 卫生检查。

工具：扫把。

操作内容：检查场地卫生，发现垃圾时，应及时进行清理。

④ 下发图纸。

资料：构件安装图纸。

操作内容：识读预制混凝土剪力墙灌浆图纸，获取构件位置信息。

⑤ 下发任务工单。

资料：任务工单。

操作内容：老师根据任务工单下发任务，介绍剪力墙灌浆工艺流程及注意事项。

（2）灌浆孔及工作面处理内容如下。

① 灌浆孔清理。

工具：空压机。

操作内容：在正式灌浆前，逐个检查各接头的灌浆孔内有无影响浆料流动的杂物，确保孔路畅通。可用空压机吹出套筒内松散杂物。

② 钢筋清理。

工具：钢丝刷。

操作内容：观察钢筋是否生锈，如有生锈，则用钢丝刷清理钢筋，直至满足施工要求。

③ 钢筋检查及校正。

工具：靠尺、钢管。

操作内容：用靠尺检查钢筋是否垂直，如不垂直，则用钢管校正此钢筋，然后复检。

④ 最远钢筋间距测量。

工具:钢卷尺。

操作内容:用钢卷尺检测对角线最远钢筋中心线距离是否超过1.5m,如果超过1.5m,则进行分仓。

⑤ 粗糙面处理。

工具:錾子、铁锤、毛刷。

操作内容:对工作面区域进行凿毛处理,提高新、旧结合面的黏结力。然后用毛刷清理杂质,保持工作面干净清洁。

⑥ 洒水湿润。

工具:喷壶。

操作内容:用喷壶对工作面洒水湿润,减少浆料因水分被吸收而影响性能。

(3)构件吊装内容如下。

① 放置垫块。

材料:垫块。

操作内容:在预制剪力墙两端居中放置2cm垫块,垫块距离构件边缘≥3cm。

② 吊运构件。

工具:吊具。

操作内容:墙板试吊,距离地面约300mm,确保牢固后吊运。应采用慢起、稳升、缓放的操作方式,在吊运过程中,应保持稳定,不得偏斜、摇摆和扭转,严禁吊装构件长时间悬停在空中。

③ 墙板落位。

工具:镜子。

操作内容:墙板吊装至预安装位置时,由人工辅助牵引,在剪力墙底部放置镜子,观察套筒和钢筋的相对位置。当套筒和钢筋不在同一中心时,微调墙板位置,使钢筋正好插入套筒。注意墙板两端均需使钢筋插入套筒方可顺利下落。

(4)分仓封缝内容如下。

① 放置内衬。

工具:PVC管。

操作内容:沿着墙底缝隙从一端插入PVC管,PVC管外边距离墙板约2cm,保证封缝厚度。

② 封缝料制作。

材料:封缝料、水。

工具:铁桶、搅拌器、量杯。

操作内容:根据墙底缝隙长宽高计算体积,一般封缝料密度取$2300kg/m^3$,水:干料=12:100(质量比),具体比例详见封缝料说明书。先将水全部导入铁桶,再加入干料,顺时针搅拌3～5min,直至底部无干料为止。

③ 封缝。

工具:托板、抹子。

操作内容：根据内衬放置位置依次进行封缝，注意进行美缝，以保证封缝料饱满密实。封缝完毕，抽出 PVC 管，然后对其他墙缝进场操作。如果前期判断需要分仓，则进行分仓操作。

④ 检查封缝。

工具：吊装设备。

操作内容：操作吊装设备吊起剪力墙，观察封缝是否饱满密实，然后对封缝操作进行评价。

⑤ 封缝料清理。

工具：抹子、水枪。

操作内容：检查封缝后，吊起剪力墙，然后铲除封缝料，再用水枪冲洗工作面，放置太阳下晾晒。

⑥ 密封。

材料：专用密封圈。

操作内容：由于封缝料强度上升较慢，不满足灌浆的实操要求，因此采用专用的密封圈代替封缝料，达到密封不漏浆的效果。

（5）灌浆料搅拌内容如下。

① 温度测量。

工具：温度计。

操作内容：灌浆施工时，环境温度应符合灌浆料产品使用说明书的要求；环境温度低于 5℃时，不宜施工；低于 0℃时，不得施工；当环境温度高于 30℃时，应采取措施降低灌浆料拌合物的温度，如加入冰块。

② 计算灌浆料总量。

资料：图纸、灌浆料说明书。

操作内容：根据图纸信息确定连通腔的长、宽、高，计算出其体积 V。一般取制作好的灌浆料密度为 $2300 \mathrm{kg/m^3}$，单个半灌浆套筒内灌浆料质量取 0.5kg，套筒数量取 X 个，灌浆料质量 $M_{总}=2300 \times V+0.5X$（单位：kg）。

③ 计算水、干料质量。

资料：灌浆料说明书。

操作内容：查阅灌浆料说明书确定水料比，一般水料质量比为水：干料＝12：100，那么需要水的质量为 $M_水=M_总 \times 12/112$（单位：kg），$M_{干料}=M_总 \times 100/112$（单位：kg），然后将水转化为体积 $V_水=M_水 \times \rho_水$（单位：L）。

④ 称量水和灌浆料干料。

工具：刻度量杯、电子秤、铲子。

操作内容：先用电子秤分别称量灌浆料和水，也可用刻度量杯计量水的体积。

⑤ 搅拌灌浆料。

工具：铁桶、搅拌器。

操作内容：先将水倒入搅拌桶，然后加入约 70%的料，用专用搅拌器搅拌 1～2min；大致均匀后，再将剩余料全部加入，再搅拌 3～4min 至彻底均匀。搅拌均匀后，静置 1～3min，使浆内气泡自然排出后再使用。

（6）灌浆料检验内容如下。

① 流动度试验。

工具：截锥试模、玻璃板、铲子、抹布、抹刀。

操作内容：用水湿润玻璃板，然后将截锥试模放置玻璃板中心，将拌制好的浆料倒入截锥试模并抹平，竖向提起截锥试模浆料往四周扩散，待扩散停止后测量较大灰饼直径是否≥300mm。若不满足要求，则重新拌制浆料。

② 抗压强度试块制作。

工具：三联试模、铲子、抹刀。

操作内容：根据需要现场制作抗压强度试块，制作试件前，应将浆料静置1～3min，使浆内气泡自然排出。首先将浆料倒入三联试模，然后顶部抹平收面，自然养护。

（7）灌浆施工内容如下。

① 湿润灌浆孔。

工具：胶枪。

操作内容：灌浆前，先湿润灌浆孔，防止灌浆料内的水分被吸收。

② 灌浆。

工具：灌浆泵。

操作内容：用灌浆泵从接头下方的灌浆孔处向套筒内压力灌浆。特别注意正常灌浆浆料要自加水搅拌开始20～30min内灌完。注意事项如下。

同一仓只能在一个灌浆孔灌浆，不能同时选择两个以上的灌浆孔。

同一仓应连续灌浆，不得中途停顿。如果中途停顿，再次灌浆时，应保证已灌入的浆料有足够的流动性后，还需要将已经封堵的出浆孔打开，待灌浆料再次流出后，逐个封堵出浆孔。

③ 封堵。

工具：橡胶塞、铁锤。

操作内容：待出浆孔流出浆料并成圆柱状时，及时用橡胶塞进行封堵。灌浆泵口撤离灌浆孔时，也应立即封堵。

通过水平缝连通腔一次向构件的多个接头灌浆时，应按浆料排出先后顺序依次封堵灌排浆孔。封堵时，灌浆泵一致保持灌浆压力，直至所有灌排浆孔出浆并封堵牢固后，再停止灌浆。如有漏浆，应立即补灌损失的浆料。

（8）工完料清。

① 清洗设备。

工具：吊具、铲子、高压水枪。

操作内容：拆除上部构件，将上部构件吊起离开底座至清洗区，先用水枪对准上部出浆孔清洗，再清洗下部浆孔，然后清洗墙底，一般清理2遍以上。先用铲子铲除底座浆料，再用高压水枪从一侧往另一侧清洗，应注意重点清洗吊钉位置，一般清洗2遍以上。清洗产生垃圾进入排水沟，然后恢复设备至原位存放。

② 工具清洗入库。

工具：高压水枪、水桶、抹布。

操作内容：盘点使用工具，清洗灌浆泵、搅拌器、铁桶、抹子。注意清洗灌浆泵时，应先将内部灌浆料排出，然后拆除灌浆管和压力表，灌浆管用水龙头或高压水枪清洗。灌浆泵倒入清水先清洗 3～4 遍，再放入海绵球，倒入清水清洗 3～4 遍，直至排出干净的水为止。如果灌浆泵内部有残余浆料未及时清理，则应拆除灌浆泵进行特殊保养。待所有工具清理完毕后，再行入库。

2. 装配式混凝土预制柱灌浆

请参照装配式混凝土剪力墙灌浆。

3. 工艺标准

本灌浆实操工艺标准见表 4-13。

表 4-13　灌浆质量标准

[《钢筋套筒灌浆连接应用技术规程》(JGJ 355—2015)]

项　　目		性能指标
流动度/mm	初始	≥300
	30min	≥260
抗压强度/(N/mm²)	1d	≥35
	3d	≥60
	28d	≥85
竖向膨胀率/%	3h	≥0.02
	24h 与 3h 差值	0.02～0.50
氯离子含量/%		≤0.03
沁水率/%		0

4. 注意事项

（1）正确穿戴劳保用品，检查并校正安全帽。

（2）规范使用实操工具，严禁嬉戏打闹。

（3）吊装构件时，应确保吊具安装牢固，避免出现危险事故。

（4）构件吊装时，应严格按照操作说明进行，防止因速度过快而出现碰撞事故。

（5）在构件下落过程中，如镜子使用完毕，应及时抽出，防止损坏。

（6）应将灌浆料放置在阴凉干燥处，防止受潮失效。

（7）灌浆泵使用 380V 电压，其他设备一般使用 220V 电压。

（8）灌浆完毕，应及时清理工具，并清洗彻底，如搅拌器、铁桶、抹子、灌浆泵等。清洗灌浆泵时，应先排空浆料，然后用清水清洗 3～4 遍，再放置海绵球清水清洗 3～4 遍。

（9）实操完毕，归还材料和工具，并放置到原位置。

【项目考核/评价】

（1）请根据完成任务完成情况，完成学习自我评价，将评价结果填入表 4-14。

表4-14 学习成果自评表

班级：　　　　　姓名：　　　　　学号：　　　　　所在组：

所在项目	项目4.2 构件灌浆岗位实训	
评价项目	分值	得分
学习内容掌握程度	30	
工作贡献度	20	
课堂表现	20	
成果质量	30	
合　计	100	

（2）学习小组成员根据工作任务开展过程及结果进行互评，将评价结果填入表4-15。

表4-15 学习小组互评表

所在项目	项目4.2 构件灌浆岗位实训									
组号										
评价项目	分值	等　级				评价对象（序号）				
						组长	1	2	3	4	5
工作贡献	20	优(20)	良(16)	中(12)	差(8)					
工作质量	20	优(20)	良(16)	中(12)	差(8)					
工作态度	20	优(20)	良(16)	中(12)	差(8)					
工作规范	20	优(20)	良(16)	中(12)	差(8)					
团队合作	20	优(20)	良(16)	中(12)	差(8)					
合　计	100									

（3）教师根据学生工作过程与工作结果进行评价，并将评价结果填入表4-16。

表4-16 教师综合评价表

班级：　　　　　姓名：　　　　　学号：　　　　　所在组：

所在项目	项目4.2 构件灌浆岗位实训			
评价项目	评价标准		分值	得分
考勤(10%)	无无故迟到、早退、旷课现象		10	
工作过程(50%)	任务4.2.1完成情况	任务成果情况及过程表现	30	
	任务参与度	积极参与工作中的各项内容	5	
	工作态度	态度端正、工作认真、主动	5	
	团队协作	能与小组成员之间合作交流、协调配合	5	
	职业素质	能够做到遵纪守法、安全生产、爱护公共设施、保护环境	5	

续表

评价项目		评价标准	分值	得分
项目成果 （40%）	工作完整	能按时完成任务	5	
	工作规范	能按规范开展工作任务	5	
	内容正确	工作内容的准确率	15	
	成果效果	工作成果的合理性、完整性等	15	
合　计			100	
综合评价	自评（20%）	小组互评（30%）	教师评价（50%）	综合得分

项目 4.3　外墙防水密封实训

项目介绍

装配式建筑封缝打胶岗位技能实操装置（图 4-13）为典型预制剪力墙板封缝打胶，用于对学生进行基层处理、粘贴美纹纸、布置内衬、施胶、胶面找平，工完料清等内容的实训，提高学生的动手操作能力。实操装置包括结构框架、仿真外墙板、仿真吊篮、配套工具、配套材料、劳保用品、配套部件等。

微课：实操实训
（密封防水）

图 4-13　仿真外墙封缝打胶设备

学习目标

知识目标

（1）掌握预制构件套筒灌浆的施工工艺。

（2）掌握灌浆料的制作方法。

（3）了解灌浆料的质量标准及检测方法。

技能目标

（1）掌握预制构件套筒灌浆的施工流程。

（2）掌握灌浆料的制作流程。

素质目标

（1）树立严谨的工作作风。

（2）培养团队协作能力。

（3）培养标准为先的质量意识。

任务 4.3.1　装配式建筑外墙板防水密封实训

【任务描述】

为了让读者掌握预制剪力墙套筒灌浆连接工艺，特设置本任务。其主要内容如表 4-17 所示。

表 4-17　工作任务表

任务清单
完成仿真预制外墙防水密封工作。

【任务分组】

请完成本任务分组，并将分组情况填入表 4-18。

表 4-18　工作分组表

工作分组				
班级		组号		指导老师	
组长		学号			
组员	序号	姓名	学号	任务分工

【工作准备】

（1）阅读工作任务书，完成学习分组，仔细阅读本任务相关资料。

（2）预习预制构件的套筒灌浆连接施工流程。

（3）提前熟悉套筒灌浆连接工作所需要使用的机械、工具和材料。

【工作实施】

根据规范要求，完成模拟建立外墙的防水密封工作。

【任务考核/评价】

见下方构件灌浆实训考核表二维码。

构件灌浆实训考核表

【相关知识】

1. 装配式建筑防水密封操作

1）实操配置

实操配置包括结构框架、仿真外墙板、仿真吊篮、配套工具、配套材料、劳保用品、配套部件等。

2）工艺流程

装配式建筑封缝打胶施工流程如图 4-14 所示。

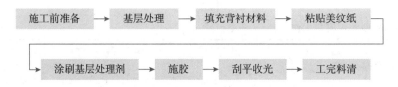

图 4-14　装配式建筑封缝打胶施工流程图

3）操作步骤

（1）施工前准备工作如下。

① 劳保用品准备。

劳保用品：安全帽、工作服、手套等。

操作内容：正确穿戴劳保用品，并相互检查穿戴是否整齐，安全帽后箍和下颏带是否调整大小合适。

② 检查设备。

设备：打胶设备、吊篮。

操作内容：单击控制按钮，观察打胶设备和吊篮是否正常工作。

③ 卫生检查。

工具：扫把。

操作内容：检查场地卫生，如发现垃圾，应及时进行清理。

④ 下发任务工单。

资料：任务工单。

操作内容：老师根据任务工单下发任务，介绍封缝打胶的工艺流程及注意事项。

（2）基层处理工作如下。

① 清理浮浆。

工具：角磨机。

操作内容:采用角磨机沿着墙缝进行水泥浮浆清理。

② 清理杂质异物。

工具:钢丝刷。

操作内容:采用钢丝刷沿着墙缝清理墙体杂质及异物。

③ 清理灰尘。

工具:毛刷。

操作内容:采用毛刷沿着墙缝清理残留灰尘。

(3)填充背衬材料内容如下。

材料:泡沫 PE 棒。

工具:小刀。

操作内容:嵌填密封胶前,应在接缝中设置连续的背衬材料,背衬材料与接缝两侧基层之间不得留有缝隙,墙板缝隙宽度为2cm,预留深度根据工艺标准取1/2宽度(1cm)。背衬材料应大于接缝25%,一般采用圆形聚乙烯泡沫 PE 棒(请参照表4-19)。

(4)粘贴美纹纸内容如下。

材料:美纹纸。

工具:小刀。

操作内容:沿着板缝粘贴横竖向美纹纸,接缝两侧基层表面防护胶带粘贴应连续平整,宽度不应小于20mm。

(5)涂刷基层处理剂内容如下。

材料:基层处理剂。

工具:毛刷。

操作内容:宜单向涂刷基层处理剂,并应涂刷均匀,不得漏涂。

(6)施胶内容如下。

材料:密封胶。

工具:胶枪。

操作内容:应待基层处理剂表干后嵌填密封胶;应根据接缝的宽度选择口径合适的挤出嘴,出胶应均匀;宜从一个方向进行打胶,并由背衬材料表面逐渐充满整条接缝。

(7)刮平收光内容如下。

① 刮平压实密封胶。

工具:刮片。

操作内容:密封胶施工完成后,用刮片或其他工具将密封胶刮平压实。

② 修整密封凹形边缘。

工具:抹刀。

操作内容:用抹刀修饰出平整的凹形边缘,加强密封胶效果,禁止使用来回反复的刮胶动作,保持刮胶工具干净。

(8)工完料清内容如下。

① 清理美纹纸。

操作内容:依次清理横、竖向板缝美纹纸,防止密封胶污染墙板。

② 清理打胶设备。

工具:刮片、抹布。

操作内容:打开装置,用刮刀清理密封胶,用抹布清理装置,清理干净后装置复位。

③ 工具清理入库。

工具:抹布。

操作内容:用抹布清理刮片和抹刀,用水清洗胶枪,工具清点完并入库。

2. 工艺标准

本实操工艺标准见表 4-19。

表 4-19 防水密封质量标准

[《建筑接缝密封胶应用技术规程》(T/CECS 581—2019)]

基 材 材 质	接缝密封胶嵌填宽度 W/mm	密封胶嵌填深度 e/mm
金属、玻璃等无孔材料	6~12	6
	12~18	1/2 宽度
	18~50	9
混凝土、砌体、砖、石等多孔材料	6.5~13.0	等宽度
	13~25	1/2 宽度
	25~50	≥13

3. 注意事项

(1) 应正确穿戴劳保用品,检查并校正安全帽,检查安全带是否穿戴正确。

(2) 规范使用实操工具,严禁嬉戏打闹。

(3) 实操时,吊篮内规定站 1 人,严禁多人同时实操,应防止因荷载过大而使设备坠落。

(4) 打胶完毕,应及时清理设备和工具,防止因时间过长而无法清理密封胶。

(5) 实操完毕,应归还材料和工具,并将其放置到原位置。

【项目考核/评价】

(1) 请根据完成任务完成情况,完成学习自我评价,将评价结果填入表 4-20。

表 4-20 学习成果自评表

班级:	姓名:	学号:	所在组:

所在项目	项目 4.3 外墙防水密封实训	
评 价 项 目	分值	得分
学习内容掌握程度	30	
工作贡献度	20	
课堂表现	20	
成果质量	30	
合 计	100	

（2）学习小组成员根据工作任务开展过程及结果进行互评，将评价结果填入表4-21。

表4-21 学习小组互评表

所在项目		项目4.3 外墙防水密封实训								
组号										
评价项目	分值	等 级				评价对象（序号）					
						组长	1	2	3	4	5
工作贡献	20	优(20)	良(16)	中(12)	差(8)						
工作质量	20	优(20)	良(16)	中(12)	差(8)						
工作态度	20	优(20)	良(16)	中(12)	差(8)						
工作规范	20	优(20)	良(16)	中(12)	差(8)						
团队合作	20	优(20)	良(16)	中(12)	差(8)						
合 计	100										

（3）教师根据学生工作过程与工作结果进行评价，并将评价结果填入表4-22。

表4-22 教师综合评价表

班级：	姓名：	学号：		所在组：	
所在项目		项目4.3 外墙防水密封实训			
评价项目	评 价 标 准			分值	得分
考勤(10%)	无无故迟到、早退、旷课现象			10	
工作过程(50%)	任务4.3.1完成情况	任务成果情况及过程表现		30	
	任务参与度	积极参与工作中的各项内容		5	
	工作态度	态度端正、工作认真、主动		5	
	团队协作	能与小组成员之间合作交流、协调配合		5	
	职业素质	能够做到遵纪守法、安全生产、爱护公共设施、保护环境		5	
项目成果(40%)	工作完整	能按时完成任务		5	
	工作规范	能按规范开展工作任务		5	
	内容正确	工作内容的准确率		15	
	成果效果	工作成果的合理性、完整性等		15	
合 计				100	
综合评价	自评(20%)	小组互评(30%)	教师评价(50%)	综合得分	

参 考 文 献

[1] 王鑫,王奇龙.装配式建筑构件制作与安装[M].重庆:重庆大学出版社,2021.

[2] 刘望，冯淼.装配式建筑预制构件模具设计研究及模具发展趋势[J].建设机械技术与管理,2021,34 (1):4.

[3] 潘洪科.装配式建筑概论[M].北京:科学出版社,2020.